弗洛伊德蓝皮书

Freud's blue book

[奥] 西格蒙德·弗洛伊德 ◎ 著

吉林出版集团股份有限公司

图书在版编目（CIP）数据

弗洛伊德蓝皮书 / （奥）西格蒙德·弗洛伊德著; 郑和生译著. — 长春：吉林出版集团股份有限公司, 2018.7

ISBN 978-7-5581-5262-7

Ⅰ. ①弗… Ⅱ. ①弗… ②郑… Ⅲ. ①弗洛伊德（Freud, Sigmmund 1856-1939）– 心理学 Ⅳ. ①B84-065

中国版本图书馆CIP数据核字（2018）第132829号

弗洛伊德蓝皮书

著　　者	［奥］西格蒙德·弗洛伊德	
译　　著	郑和生	
责任编辑	王　平　史俊南	
开　　本	710mm×1000mm　1/16	
字　　数	200千字	
印　　张	16.5	
版　　次	2018年11月第1版	
印　　次	2018年11月第1次印刷	
出　　版	吉林出版集团股份有限公司	
电　　话	总编办：010-63109269	
	发行部：010-67208886	
印　　刷	三河市天润建兴印务有限公司	

ISBN 978-7-5581-5262-7　　　　　　　　　　　　定价：39.80元

前言

什么是生活及其本质

　　什么是生活？当你被问到这样的问题时，你可能会立马敲动手中的键盘，在百度里输入"生活"两字并迅速地得到答案："生活狭义上是指人在生存期间为了维生和繁衍所必需从事的不可或缺的生计活动，它的基本内容即为衣、食、住、行。广义上是指人的各种活动，包括日常生活行动、工作、休闲、社交等职业生活、个人生活、家庭生活和社会生活。"为了解释生活的含义，我们或许只需要短短的十几秒钟便能得到答案，但要能真正地读懂生活，读懂生活的意义所在，却需要我们一辈子的光阴。有这样一则故事，它告诉了我们什么是生活，什么是生活的意义或本质所在。

　　卡尔的父亲是一个60多岁的退休老人。在他退休之前，他从事了约30年的邮差工作。他平均每个星期要花6天时间来回跋涉于佐治亚州东北部的山间里，目的就是为了给人们传递信件。

　　在卡尔父亲80岁大寿之际，卡尔送给他父亲的一份礼物仅仅是一封信，信中表达了作为儿子对父亲的一片孝心，并特别说道："我们全家人都非常希望你能够身体健康长寿、心情轻松愉快，并且能够安享晚年。换句话说，就是儿子希望父亲永远幸福快乐。"最后，卡尔提议他父母亲不要再拼命干活了，他们是时候完全放松自己，好好休息了。卡尔认为，他父亲辛苦了一辈子，现在他们终于有了属于自己安逸、幸福的家庭和丰厚的养老金，可以说是有了他们想要的一切，是时候享受人生了。

　　不久，父亲给予了儿子回复。首先，他非常感谢儿子卡尔的一片好意和一片孝心。信的重点内容在其后，字里行间能感受到父亲的话语瞬间一变，写道："虽然我为你的一片孝心所感动，但是你让我完全放松自己的建议犹如晴天霹雳一般，震撼到了我的心坎。"父亲绝对承认世上没有多少人真正喜欢走曲曲折折的路，犹如他在崎岖的山间行走了30余年一样，"可是，人的一生中倘若事事都能做到称心如意，什么困难也遇不到，那么，这或许就是世界上最悲哀的一件事了。"

　　父亲在信里真诚地说道："生活的真谛不在于马到成功，而在于不断为之探索、为之奋斗。每一件有意义的事情背后都注入了我们辛勤的汗水和坚定不移的信念，如此一来，我们的生活才会更加充实，意志才会更加坚强，阅历才会更加丰富，人生才会更加精彩。"

　　从他流畅的行文中，卡尔似乎看到了父亲写信时的高兴表情："我们一生中最美好、最愉快的日子，不是还清了所有欠款的时候，也不是我们真正得到这套靠血汗换来住所的时候。记得在以前，我们全家挤在一套很小的住宅里，为了糊口，我们拼命工作，根本分不清白天还是黑夜。你还记得吗？我每天最多只睡四个小时。直到现在，我都不明白当时为什么不知道什么叫累，又怎么会觉得生活是那么美好。我想大概是因为我们那时是在为生存而奋斗，为保护和养活我们所爱的人而拼搏吧。"

　　"在奋斗中求成功，我认为最有意义的，不是那些获得成就的伟大时刻，而是那些小小的胜利，或是那些遇到挫折、僵局甚至失败的时刻。试想，假如人人都轻而易举地成功了，那么我们就不是人生的参与者，而是生活的旁观者了。要记住，重要的是追求，而不是到达。"

　　从卡尔父亲的信中，我们可以感悟到生活的真正意义是什么。无论你是年轻还是年老，是失败还是成功，是生还是死，只要你能够保持着积极乐观的生活态度，不断地为自己的追求去创造，那么你将会永葆纯洁的心灵，这样你的生活才会更加有意义。

然而，我们对生活的追求取决于自身的心理观念。什么样的观念决定了拥有什么样的生活态度。我们在漫漫人生路中，观念有对有错，有光明也有邪恶，它不会时时刻刻都遵循着正确的轨道运行。这就需要我们对错的、邪恶的观念进行及时地纠正，给我们的生活制定一定的法则。好在精神分析学家西格蒙德·弗洛伊德给了我们有益的启示。

西格蒙德·弗洛伊德（Sigmund Freud，1856—1939），奥地利人。他是精神分析学派的创始人，得益于此，他成了奥地利著名的精神病医生和心理学家。在他从事精神病的治疗与研究工作中，创立了精神分析理论。弗洛伊德的主要观点包括意识和潜意识、快乐原则和现实原则、人格分为"本我""自我""超我"三个等级、泛性论、梦的解析。

其中意识和潜意识作为他早期的著作，他把人的精神生活分为意识和潜意识两个主要部分。他认为意识是和直接感知有关的心理部分，是表层的精神活动，是人的精神机构中很小、很微弱的一部分。前意识是介于意识和潜意识之间能在潜意识中召回的心理部分。而潜意识包括本能的冲动欲望，人的行为是受本能支配的，但又受到现实的制约。他把潜意识的作用提到了一个新的高度，认为潜意识起决定作用，认为人的整个精神活动都受到潜意识的影响。

弗洛伊德后期的理论主要是把人的心理结构分为了"本我""自我""超我"三个等级。"本我"代表欲望，受意识遏抑。它是我们人格中最隐秘的、不易接近的部分，完全遵循快乐原则活动。"自我"代表处理现实世界的事情，是本能受外界影响的那部分，遵循现实原则，活动于本我和外界之间。其功能类似于把一个生命包裹起来的外皮作用。对外界的关系已成为自我的决定因素，它承担了把外部世界的要求传达给本我的任务。"超我"是良知或内在的道德判断，是人特有的对本能冲动和欲望的一种抑制，它体现了社会风俗和道德标准。遵循的是至善原则、理想原则、服从社会道德原则。超我包括良心、自我理想两部分。每个人都存在着"本我"，由于受到意识的干预，很多人都无法了解它。不同人的"本我"决定了其潜能。当一个人精神状态正常的时候，这三个子系统是出于和谐平衡状态的。当系统出现混乱时，人格就会处于紊乱状态。三者之间的平衡关系直接影响着人格的协调关系和心理的健康与否。具体的关系如何，笔者会在后面的叙述中充分地应用。

弗洛伊德的理论思想既得到了部分学者的继承和发展，同时也受到了不少学者的严格批判，特别是后来的心理学派。但无论如何，弗洛伊德的精神分析理论开创了心理学的先河，为后来的心理学领域发展奠定了不可磨灭的基础。就笔者看来，弗洛伊德给我们留下的不仅仅是学术理论上的宝贵财富，而更多的是对我们的生活给予了深刻的启迪。

通过对弗洛伊德的研究，笔者从其思想、理论中总结出了对我们的人生具有深刻意义的31个生活法则。笔者在这里所涉及的31个法则仅供广大读者参考。

CONTENTS 目录

第三部分
燃烧焦虑：做轻松减压的职场人士

第四部分
释放本我：生活很简单

第一部分

提升自我：
态度决定你的人生

我们知道，弗洛伊德将"自我"定义为精神活动在人格中有条理的要素，这一精神要素力图控制所有心理与行为过程，使它们适合现实生活的要求。"自我"同意识相联系，充当着理智、谨慎的角色。我们可以将弗洛伊德早期的意识和潜意识和后期的"自我""本我"分别等同起来，但也存在差异。"自我"在功能上的重要性在这个事实中表现出来，这就是把能动性的正常控制转移给自我。笔者认为，弗洛伊德所谓的"自我"也就是我们平常所说的主观能动性。从主观能动性的定义来看，主观能动性又称意识能动性，是指认识世界和改造世界中有目的、有计划、积极主动的有意识的活动能力。意识存在于我们的头脑里，它有一种无形的力量，在不停地告诉我们应当作什么以及怎么样去做。在实践中，意识总是指挥着我们使用一种物质的东西去作用于另一种物质的东西，从而引起物质具体形态的变化，这种力量就是人的主观能动性。因此，我们无论是在顺境还是逆境中，只有提升自我，发挥我们的主观能动性，才能战胜一切。因为在弗洛伊德看来，"本我"是不被任何人甚至自己所知道的，我们无法改变潜意识的规则。而"超我"是在既定的历史条件下形成的具备一定功能的社会道德规范或法制，它也不会因为一个人的潜意识改变而改变。因此，只有通过提升自我的方式，改变我们的处事态度，才能改变我们的人生。

弗洛伊德曾经说过，我们整个心理活动似乎都是在下决心去求取欢乐，避免痛苦，而且自动地受快乐原则的调节。什么是快乐原则？弗洛伊德把受本能支配寻求快乐视为"快乐原则"，好比说人饿了会去找吃的，渴了会去找水喝，不会让自己吃苦。一切痛苦都会设法去规避，因此快乐原则的目的在于追求最大的快乐和接受最小的痛苦；把服从现实制约视为"现实原则"。快乐原则受到现实原则的约束。当快乐原则不受到现实原则的制约时，人会尽其最大所能去满足快乐。换句话说，当我们在生活中遇到困难时，如果不受到自身环境的影响时，比如：某公司一销售员的产品季度销售指标不能达到，如果在没有公司制度、个人薪酬等因素的限制条件下，销售员便不会为未完成指标而烦恼，也不会努力寻找其他途径来完成任务。根据弗洛伊德的快乐原则我们不难证明：人都具有畏难情绪。人的心理本质上是不堪一击的，所以，人的处事态度对人的一生就显得至关重要。

态度决定人生，什么样的态度才是一个对人生起积极作用的态度？只要拥有一个良好的态度就能使人生一帆风顺、万事大吉吗？这样理解似乎略显肤浅。其真正的含义是：在同等的情况之下，态度是一个最为重要的因素。也就是说，面对相同的成功要素时，一个人能不能成功，就要看每个人的态度了。态度是一个重要的主观因素。心态是人的一切心理活动和状态的总和，是人对社会生活的反映和体验，它对一个人的思想、情感、需要和欲望有着决定性的影响，决定着一个人对待工作、对待生活直至人生的态度。

有了一个良好的态度，没有知识可以学习知识，没有条件可以创造条件，没有金钱可以赚到金钱，没有技能可以掌握技能等。换个角度思考，若是没有一个良好的态度，要素再怎么齐备，也都是无济于事。世上有很多优秀的人才和一流的企业，不乏资金，不缺技术，但最终都遭遇失败，其最为根本的原因就是没有一个良好的态度。当然，态度也不是万能的，但没有良好的态度是万万不能的。如果条件实在不具备，再好的态度也没有任何用处。

01

穷途末路时打个盹儿，
让"潜意识"来拯救你

　　弗洛伊德在其《精神分析学》理论中首次提出了潜意识，它是指潜藏在我们一般意识底下的一种神秘力量，是相对于"意识"的一种思想。它是人类原本具备却忘了使用的能力；也是我们大脑里存在但却未被开发与利用的能力；它囊括了人类过去所得到的所有最好的生存情报，故只要懂得开发这种与生俱来的能力，几乎没有实现不了的愿望。弗洛伊德将我们的心灵比作一座冰山，那么浮出水面的部分就是属于显意识的范围，约占意识的5%，因此，潜意识便是隐藏在冰山底下的意识。他认为人的言行举止，只有少部分是意识在控制的，其他大部分都是潜意识所控制的，而且是主动地运行，并不是受我们的显意识操控，但我们往往也觉察不到。博恩·崔西曾经说过：潜意识是显意识力量的3万倍以上。潜意识的特征主要包括有：放松时，最容易进入潜意识；较易受图像方面的刺激；最喜欢带感情色彩的信息；不识真假，直来直去，绝不打折扣的执行者，说什么就做什么；我们不能察觉到，只能通过催眠才能开发它。当我们处于正常的状态下，比较难以窥视潜意识的运作，就在此时，只有梦能很好地观测到潜意识的活动。意识被我们称为客观心理，它通过我们的身体五官来认识环境。而潜意识被我们称为主观心理，它认识环境不能靠五官功能，而是通过直觉。它是产生感情的地方，是记忆的仓库。当我们的五官停止运作时，是主观心理功能最为活跃的时期。换句话说，当意识停止工作的时候或是处于睡眠状态时，潜意识的力量就发挥出来了。潜意识是绝对服从我们的。当我们给了潜意识一个错误的意见或观念时，它会接受，并产生相应的结果。当我们给潜意识一个好的建议时，它也会接受。即无论我们传递给潜意识什么样的思想，它都会不加选择地接受并尽其所能地发挥其效力。因此，我们不难得知，在这样的心智结构功能的作用下，如果我们给的是负面消极的信息，那么带来的便是我们的失败或痛苦；如果我们给的是正面积极的信息，那么带来的就是我们的成功、幸福、健康或富有。

现在，让我们好好回想回想曾经的你是否也有过这样的经历：你陷入困境或是进入思维堵塞的时候，脑海里突然跳出一个点子或是灵感；或者说，每天苦思冥想的问题进入了你的梦境里，恰恰奇怪的是在梦里找到了解决问题的方法。它们来的似乎有点奇怪，有点不可思议。灵光一现的点子，就像是顿时闯进你意识中的不速之客，但你也并不排斥它，反而你要十分地感谢它。是它让你茅塞顿开，使你从困境中脱离出来。在无所事事的时候，我们会忽然哼唱一首曲子，突然想到一件事情，或者想起自己前一阵子看的电影，比如《阿甘正传》。在我们正常的意识流动里，蕴含着大量这种特殊而被动、表面上看来却是自动化行为的特质。只要稍微停下几分钟，诚实地观察一下自己瞬息万变的思路，你就会发现它们犹如梦境一般，诡异而不连贯。弗洛伊德在治疗他的精神病患者时，便经常采用"请君入梦"的方法，唤醒精神病患者。

许多的科学和人文方面的天才，都曾描述过自己如何在工作上运用突如其来的点子。著名的法国数学家及物理学家庞加莱在他的伟大论文《数学创作》中，记载了一次非比寻常的潜意识科学创造力。庞加莱努力了两个多星期，试图去证明"富克斯函数"不成立。有一天晚上，在跟一道数学题较劲的时候，他无意识地放下了手中的笔，喝了杯咖啡后便上床睡觉，但却一直没有睡着。正当他在床上翻来覆去的时候，思绪突然在脑海里以图像的形式呈现出来，排列成对并且彼此连贯。第二天醒来，他发现"富克斯函数"是成立的。

再有一次，庞加莱从冈城的家里出发，要去做地质考察。在他踏上一辆公交车的瞬间，他突然领悟到：用来定义"富克斯函数"的交换式，跟用在非欧几里德几何学上的变换式是一样的。一回到冈城后，他迅速拿出纸和笔写下了证明过程。随后，庞加莱的注意力就转向"富克斯函数"完全无关的其他算术问题了。不久后，他再度遇上了瓶颈，便决定休息一下，甚至出去度个假再回来思考那个问题。就当他沿着峭壁漫步在某个不知名的海边时，一个新的发现"很快速、突然而且明确地"踏入他的脑海中，他的灵感帮他找到了一种全新的"富克斯函数"。

庞加莱持续而努力地研究这个新函数，但有一个难题还是无法解决。虽然他处理这种状况的一贯方法是暂时放下眼前的工作，让潜意识来接受，但这一次介入的却是他的人生。庞加莱被征调去从军了。再一次地，就在他当兵期间，那个难题的解决方法"突然出现"在他的脑海里。

有了庞加莱的奇特经历，我们很容易赞同前人的观点，认为这种突然出现的灵感其实是超自然的信息，连苏格拉底也相信自己有一个守护天使"戴梦龙"，会在脑海里与他交谈。就在当代，也有一位印度数学奇才拉马努金在梦中得到数学上的大发现。

至今在西方世界里，我们较少用超自然的方向来解释这种现象，而是运用"直觉"给予解释的。然而，用"直觉"来解释庞加莱的发现，并没有揭露出什么有意义的内容。事实上，直觉神秘的程度似乎只比苏格拉底的守护天使少了那么一点点而已。

当一个人在钻研某个艰难的问题时，刚开始通常是不会得到具体结果的。于是乎这个人就在无奈中停下自己的思考，转而去做些其他琐事或是直接去休息一会儿，休息的时间或长或短，然后再回来处理那个被搁置的问题。但面对那个问题，形势如先前一般，还是一无所获。但往往就在那一念之间，至关重要的想法在头脑里如流星般的划过。虽说这样的想法来得如此的没有征兆，也没有事先的预测，但事实上就是对问题的解决起到了关键的作用。

相信每个人都有过这种类似的经历。或许很多人不止一次或两次，但能够真正解释事出何源的人没有几个。突如其来的灵感让人如获至宝，瞬间解决问题，甚至心里充满着成就感。成功的喜悦早已促使我们忘记了那突如其来的过程。顶多能注意到的人也就对其充满好奇感而已，或者将其归功于其自身的聪明机智。

人们试图解释这种现象发生的根本原因是什么，但终究没有得到合理的解释。唯独弗洛伊德的意识和潜意识理论给了后来学者较大的启发。根据弗洛伊德潜意识理论我们可以得知，当我们在休息的时候，当我们暂停集中意识思考这个问题的时候，潜意识就得以在不受意识干扰的情况下处理这个问题。突然跳出来的解决方法并非意识主导下的思考成果，最大功臣要颁给潜意识。

靠潜意识解决科学问题的不止庞加莱一个人，安德鲁·怀尔斯发现费玛定理时，也有同样的灵光乍现的经历。安德鲁·怀尔斯曾说："突然间，出乎意料地，这个不可思议的答案显现了。"在平常的生活交谈中，我们总是说灵光乍现，一击即中，有时还会强调它伴随着一种神秘的力量。我们经常觉得，灵感是从外界闯进我们的意识中的。

爱迪生曾经也有过这样的经历。当爱迪生遇到瓶颈时，他就会去打个盹儿。他会坐在舒适的椅子上，手里握着铁球打瞌睡。等他睡着时，手一放松，铁球就掉进他刻意放在地上的锅里，而这个清脆的撞击声就会使他惊醒。通常他醒来时都是伴随着好点子的出现。爱因斯坦也曾用打瞌睡的方法来寻求灵感，他描述道："有一个现象是确定的，而我可以为它的真实性担保，那就是：在突然醒来时，会立即蹦出一个答案来。被外来噪音突然惊醒时，我长久寻觅的答案，就在我完全没有思考的情况下出现了——这一事实已经足以让我永生难忘，更有甚者，解决问题的方向和我之前努力的方向完全相反。"

或许你会觉得，什么庞加莱、爱迪生、爱因斯坦他们的经历对于你来说都是虚无缥缈的，毕竟他们都是伟人，他们在众人的眼里都是天才，我们是凡人，没法跟他们比。那么，现在就回到我们日常生活中来。你是否有过这样的经历，某个时刻你在到处寻找你的房屋钥匙，但就是怎么找也找不着，不过最后还是找到了。在你找到钥匙之前，你心里知道你把钥匙放在了某个地方，可是你就是怎么想也想不起来放在了哪里。你越是想心里就越着急。一找便是一个多小时过去了，当你厌烦这样的事实后，你会中途选择放弃，当然这不是你主观上刻意放弃寻找的，因为你并不知道有这样一种奇妙的潜意识。你烦躁的心情平静下来后，突然之间，你想起了钥匙的位置。

无数的潜意识历程构建了我们的日常生活，这些历程在我们眼里太平常不过，我们也往往视之为理所当然的事情。但看似不经意的事情背后却蕴藏了深刻的哲理。它不仅给心理学领域的研究带来了长远的促进作用，同时也给我们的生活带来了莫大的启示。

穷途末路时打个盹儿，我们不能仅仅是带着对这种奇特心理现象的猎奇想法去看待它，真正需要懂得的是当我们深陷逆境时，要做的不是任由困难吞噬我们，我们须持乐观的态度面对问题，所谓的"条条道路通罗马""柳暗花明又一村"。一条思路闭塞时，尝试换位思考，寻求另外一种思路。人生道路上虽然铺满了荆棘，但它不会让我们就此一蹶不振、一败涂地。有多少的成功人士、成功企业背后没有经历过辛酸的岁月，但他们没有被打败，尽管道路很曲折。

人类的心灵是意识决定潜意识。心理学家和精神专家表示：当意识转化为潜意识时，会在大脑皮层留下生理印记。一旦你的潜意识接受了某种观念，你就会立刻开始实践这种观念。前面我们已经谈到了客观心理和主观心理的概念，因此，只要我们了解了两者之间的相互作用，那么我们就能够更好地掌控我们的人生。根据主观心理会绝对服从客观心理事实的结论，当我们陷入生活、工作困境或是人生低谷时，我们不能给主观心理输送各种消极心理，我们必须纠正错误的想法，将乐观、积极的态度和具有建设性的观念对主观心理进行反复灌输、反复强调，使其成为你潜意识的一部分，从而让你养成健康的思维模式和行为习惯。我们常常使用的方法便是自我暗示。每当我们想要实现任何一个目标的时候，就不断地重复念着它。比如我们想要获取成功，就时刻念叨我能成功，我能成功，我一定能成功；比如我们想要赚很多的钱，就时刻念叨我会很有钱，我会很有钱，我一定会很有钱；比如你想存钱，就时刻念叨着我能存钱，我能存钱，我肯定能存钱；比如我们想要取得好成绩，就时刻念叨着我要努力，我要奋斗，我一定能通过努力奋斗取得好成绩。按照这样的指令，不断地反复强调、反复练习，当我们的潜意识已经接受了这样一个指令的时候，所有的思想和行为都会遵循这样一个指令，向着我们的目标靠近，直到达到目标为止。大部分人先前也尝试过自我暗示的方法，均表示没有什么效果，但并不能说明该方法不正确，其最根本的原因在于他们重复的次数太少。我们知道，影响一个人潜意识最重要的因素在于要不断地重复，反复地强调，重复了再重复，强调了再强调，一旦有空闲的时间就在心里反复地强调你的目标；更有甚者，做到随时随地地确认你的目标，不断地想着你的目标。经过这样的长期训练，你的目标一定会得到实现。

下面的案例是对这种作用的有效运用。

曾经有一位80岁的老太太，别看她是个八旬老人，可她的记忆力非常强悍，因此她也对自己的记忆力感到十分的骄傲。但是在她年轻的时候，她也和大多数人一样，习惯了丢三落四。伴随着年龄的增长，她丢三落四的毛病是越来越严重，自己也开始担心起来。每当遗失了物件，她在心里都禁不住自责，总是因为年过半百而怀疑自己的身体健康，怀疑自己的记忆力是不是也开始减退。试想，这样消极的自我暗示怎么可能产生积极的作用呢？往年的事情和名字已经开始从她的记忆里消失，她的记忆力也由此越显糟糕，直到最后，可以说是到了扭头就能忘的地步。她感到十分沮丧和绝望，但通过对她的心理引导后，她终于明白了消极的自我暗示只会产生消极的作用。

于是，她下定决心努力去改变这一不利的局面。每当她控制不住自己而想要说"我的记忆力越来越糟糕"的时候，她就强迫自己停止这样的思考，奋力阻止自己坚决不去产生这样的消极念头。她每天都要反复地进行积极的自我暗示练习。她是这样对自己说的：从此刻起，我的记忆力会逐渐地恢复。无论何时何地，不管我想要记住什么样的事情，我全都能把它记得住。我将会把这一信念当作事实加以接受。不管我想要回忆什么事情，这些事情都会立刻清晰地呈现在我的脑海里。我的记忆力正在迅速地恢复与提升，相信用不了多长时间，我的记忆力一定会变得比年轻的时候还要好。

过了一段时间后，她的记忆力果真恢复了正常。

02
人际交往中需用自我的
"潜意识"挖掘他人的"潜意识"

在人际交往的过程中，我们怎样对待他人、他人对我们的印象如何，以及他人如何评价我们？面对这些问题，我们可以将自身的评价和他人对我们的评价进行比较，这样将有利于我们清楚地了解自己、认识自己。人际交往是人们意识形态的交往，如情感、思想、人生态度等。有了思想的交流才能形成多种思想；有了快乐的分享才会产生更多的快乐；有了忧愁的分担才能脱离苦海。虽说社会是人的集合体，但人与人之间也是相互独立的。世间百态，并不是所有的事情都被自己所熟知，每个人都拥有属于自己独特的视角，固然也就会产生不为所有人认知的事物。因此，只有善于从他人身上学习的人才会得到进步和发展。为了能建立良好的人际关系，我们在交往中要时刻遵循尊重、真诚、宽容、互利合作、理解和平等六大原则。这不是简单的排列组合，而是人们长期根据经验总结所得，对我们建立良好的人际关系起着至关重要的作用。然而，为了更好地说明笔者想要表达的观点，我们不得不又回到弗洛伊德的潜意识上面来。当然请相信，这也不是生搬硬套。我们已经知道，潜意识的特征之一是不识真假，直来直去，绝不打折扣的执行者，说什么就做什么。通俗易懂的说法便是：你的潜意识就像一台刻录机，不管你给它留下什么样的印记，它都会忠实地刻录下来，并如实地播放出来。这就是黄金法则起作用的重要原因，在你与其他人建立并维持一种和谐平衡的人际关系的过程中，黄金法则起着中心作用。

笔者所要表达的自我的"潜意识"挖掘他人的"潜意识"，是指人与人之间是相互的。在这里笔者将其称为潜意识之间无能量耗损的"乒乓球"效应。也就是说，当你对他人好时，他人也会对你好，并且他对你的好只能增加不会减少；当你对他人坏时，他人也会对你坏，并且他对你的坏也只能增加不会减少。口是心非或表里如一是我们对待人或物的两种截然不同的态度，不明思议，其产生的最终结果也是大相径庭的。人与人之间的交往更多的是强调一种互动的过程。任何互动的真实本质都无法在潜意识存在的情况下得到掩饰。

《圣经·马太福音》里说道："所以，无论何事，你们愿意人怎样待你们，你们也要怎样待人，因为这就是律法和先知的道理。"在我们的眼里，《圣经》乃是西方国度里的神圣书本，它告诉人们的是生活的真理。引用那段话有着外在和内在的双重含义。内在的含义与你的意识和潜意识之间的关联有关。如果你想让别人为你考虑，那你也以同样的方式考虑一下别人；如果你想让别人理解你，那你也以同样的方式理解别人；如果你想让别人以某种方式对待你，那你也以同样的方式来对待别人。例如，你表面上可能对办公室的某人彬彬有礼，但当他转过身时，你的意识却对他颇有微词。这种负面想法对你来说是极具破坏性的，它就像是毒药，会一点点剥夺你的精力、热情和善意。这些消极的情感一旦进入你的潜意识，就会给你的生活带来各种难以预料的苦恼。

《圣经·马太福音》："你们不要论断人，免得你们被论断。因为你们怎样论断人，也必怎样被论断；你们用什么量器量给人，也必用什么量器量给你们。"不管你的行为是积极的还是消极的，是真诚的还是虚伪的，一旦对他人表述出来，便形成了他人的感知，感知再通过他人的意识输送到潜意识里。按照这样的规律，他人的潜意识便会将你那积极的或是消极的、真诚的或是虚伪的要素如出一辙地显现出来，并施之于你。这样的一个循环便是一次完整的互动过程。你什么样的潜意识就会挖掘出他人什么样的潜意识，并且还是复刻版。即我们通过对这段话语的理解，挖掘背后所隐藏的人生真理，并将其运用于生活当中，这无疑会对我们在建立人际关系上起到至关重要的作用。对他人的一种评价实则为一种思考，这样的思考也就等于他人在你心里的一个结论。你根据你对他人的了解来进行评价，至于你的评价是否正确、是否恰当是人云亦云，或许具备创造性，也或许缺乏建设性。但无论怎样，你对他人的评价其实是根据你自己的人生经历和你自己的感受来创造对他人的想法和意见。换句话说，你的意识是具备创造性的，是对自身的真实反映，因为你对他人的评价或建议就等于你对你自己的评价或建议。"因为你们怎样论断人，也必怎样被人论断。"这句话的意思是指当你给他人订立法则时，你是在潜意识里给自己订立相同的法则。紧接着，这些法则会在你自己身上有所体现。而一旦你发现了这个法则并明白了潜意识的工作方式后，你就会设身处地地为别人着想，也就会以正确的态度对待他人。倘若你按照这样的准则行事，你将会为自己营造一个拥有正确思想和正确态度的环境。"你们用什么量器量给人，也必用什么量器量给你们"类似于"好人有好报，坏人有坏报，一报还一报"。它告诉我们的是：你怎样对待别人，别人也会怎样对待你。你对他人行善，他人会以恩相报；你对他人行恶，他人会以恶相惩。假如你对他人做了坏事，根据潜意识法则，你也会遭到相应的报应，甚至更糟。假如你愚弄他人，你其实是在愚弄自己，尽管报应不会立刻显现，但你的负罪感总有一天会给你造成损失。你的潜意识会根据你意识的动向记录你的心理活动。潜意识不带任何感情色彩，输入什么样的指令就执行什么样的指令，它既不会考虑任何人，也不会考虑任何道德教条。潜意识既不会同情人，也不会报复人。你对他人的所想所感所做，最终会轮到你自己的身上。

某公司的一名推销员，他和他公司的业务经理在工作上永远无法达到和平共处。他在那家公司已经工作了十年有余，但始终得不到任何的升职奖励。但他的销售金额比他所处区域里任何推销员的都高。他表示：公司的业务经理不喜欢他，老是和他作对，又待他不公平。会议桌上时常训斥他，并且还冷眼相对，暗地讥讽。经这一案例的分析后我们可以得知，造成这种情形的主要原因在于该推销员自身，他对公司业务经理的看法和观念，是他主观会产生什么反应的最好证明。他心中对业务经理的评判是经理无事生非、故作刁难、处处与其作对，于是乎心中对业务经理充满了仇恨和敌意。他在心中时刻不忘鄙视、谩骂、指责业务经理。这样的心理也引导他在工作当中显现出来。根据潜意识的"乒乓球"效应，他在心中批评业务经理，必然也会得到业务经理的相应回馈。该推销员全然不知自己内心的咒语会造成如此之大的破坏力，即破坏他与业务经理之间的和谐关系。因为在他的潜意识里已经深深地植入他对业务经理无限的恨，时间或许长达数十载。显然，业务经理也便朝着推销员所想的那样发展与他的关系，这样的关系是处在恶性循环当中的。一次偶然的机会，他遇到了心理专家。心理专家给他的建议是自我暗示，给自己的潜意识灌输积极的想法和乐观的态度。让其不断地在心里暗示："我是我的世界中唯一动脑筋想的人，我该对我主管的想法负责。我的业务经理不为我对他的想法负责。我不把骚扰我或使我不安的力量带给任何人、任何地方，或任何事物。我希望我的主管健康、成功、心理平和和幸福。我真诚地祝福他一切顺利。我知道他在各方面都受到神意的指引。"他开始经常用上面这段祈祷词祈祷。

　　他带着感觉一再重复这段暗示词。他知道他的心就像一块园圃一样，他种什么样的东西到园圃里，园圃里就会长出什么样的东西。在心理专家的建议下，他想象经理在办公室里，因为他的杰出表现热心、热忱，以及从顾客那里所得到的良好反映而称赞他。他要感觉这一切情景都跟真的一样，感觉到握手，听到他主管说话的声音，以及看到他主管的微笑。他使一切成为他心中的电影，尽他所能地使这部电影成为一部好电影。他每天夜里演这部电影，知道他潜意识心智是一块可以接受一切的石板，而他意识中的想象就会刻印在这块石板上面。

通过这种心智和精神方式的渗透，他渐渐地把他自己的想法牢牢地刻在了心中，也就是他的潜意识。在潜意识法则的驱动下，他改变了以往对主管的态度，他的主管也相应地以礼回报。经过时间的考验，他获得了提升职位的机会，他坐上了部门业务经理的位置，旗下掌管着一百多人，事业可以说是一飞冲天！

任何人被他人骚扰或是惹恼都不能说明对方有什么样的能力，唯一能说明的是当事人自己。也就是说，任何人都不可能逾越你的那道心理防线来骚扰你，除非你是自己为对方打开了那扇窗。

弗洛伊德认为，如何与他人建立一个良好的关系，需要的是爱。这个爱具体包括：谅解、善意，以及对别人内在的神圣的尊敬。你放射出来的爱和善意越多，你得回来的也就越多。如果你伤害了别人的自尊心，那么你也不会得到善意的回报。要知道，每个人都想得到爱和赞赏，都需要感受到自身存在的重要性。要认识到，每个人都清楚自己的价值所在，别人跟你一样，也会感受到自己作为人类的一员是多么神圣。如果你能明白这一点，你就会尊重他人，他人也会回报给你同样的爱和善意。这就要求我们在与人交往的同时力求成为一个心智成熟的人。如果你对别人说的话一点都不在乎，那么别人的话也不能激怒你或骚扰你。当你为别人的话感到烦恼时，只能说明别人的话已经进入了你的思想。当你想要发泄怒火时，你的心理会经过以下几个步骤：第一，你要思考别人的话究竟是什么意思；第二，根据你对他人话语的理解决定是否要发火；第三，一旦决定发火了，接下来要做的是采取行动。在采取行动的过程当中，你要么以牙还牙，要么反唇相讥。你的一言一行、你的所作所为都是经由你的大脑而产生的。

那么，怎样的心智才算是成熟的呢？当你面对他人的责备时，你不会勃然大怒，更不会意气用事。我们无权干涉他人对你的责备，但我们有权选择是否接受他人的责备或者选择以什么样的方式来作为回应。拥有成熟心智的人是不会选择同样消极的方式对待对方的，他会选择更能调和矛盾关系的方式，比如说是：冷静处理。自己的人生路要用自己的脚来走，当我们明确了属于我们的人生目标后，我们只需一如既往地走下去，无须过多考虑他人的各种看法。只有这样才能给自己的内心营造一份宁静，不受任何人、任何事打扰。

美国乔治敦的一家服装店，有个女店员叫布拉。有一次，布拉接待了一位年轻的客户。那位女士说："我想买一件既性感又极富刺激性的礼服，我要穿上它去肯尼迪中心，要让每个见了我的人都投出羡慕的眼光。"

布拉却说："我这儿有这样的礼服，不过都是为那些信心不足的人而设计的。"

"信心不足的人？"

"是的，你不知道有些女士常想穿那样的礼服来掩盖他们的自卑吗？"

于是，那位客户愤怒地说："我可不是什么信心不足的人啊！有你这样做生意的吗？信不信我投诉你？"

"那你为什么要穿上它去肯尼迪中心，让每个人都羡慕呢？难道你不能不靠衣服而靠自身的美去吸引人吗？你很有风度，也很有内在的魅力，可你却还要掩盖着。我当然可以卖给你这件时髦的礼服，可你不想想，当人们停住脚步看你时，是为了衣服呢，还是为了你自身的吸引力呢？"

那位客户想了想："是呀，我干吗要花一大笔钱买人家几句恭维话呢？真的，这些年我一直缺乏自信心，可我竟然没有意识到这点，我应该对你表示感谢！"在该客户的帮助下，布拉的销量顿时有了质的飞跃。

　　表面上看来，布拉有点蠢，送上门的赚钱机会都不要，反而将人拒之门外。但她的行为还是赢得了客户的喜欢，与之打过交道的客户都长期保持与她的合作，店面更是门庭若市。布拉抓住了客户潜意识里追求心理舒适和满足感的需要，坦诚地与人社交。她理解客户心理脆弱的一面，从而抓住了客户的心，赢得了良好的销售人脉。

03
别抱怨他人对你的欺骗，
因为你时刻都在自欺

欺骗是人类文化的重要话题之一。犹太教和基督教共有的创世神话——亚当和夏娃的故事，就是围绕着谎言展开的。自从夏娃对上帝说出"蛇欺骗了我，所以我就吃了禁果"之后，人类就开始将欺骗拿来谈论，拿来写书或是编成歌曲来领唱，好比林宥嘉的《说谎》等。无论是故事还是歌谣，之所以我们如此痴迷，是因为它们触及了人性的基本层面，欺骗是人类所有关系中最为重要的层面，它潜伏在所有人际关系的背后，包括父母与子女的关系、夫妻关系、上司和下属的关系、师生关系、朋友关系等。在婚姻中，虽然在我们的文化中它被视为亲密关系和相互信赖的最高典范，然而我们却发现夫妻之间并非彼此坦诚，他们会互相隐瞒经济状况（比如小金库、私房钱）、过去的经历（特别是过往情史）、"坏"习惯、抱怨和忧虑、对亲戚朋友的真正看法等。在商场上，欺骗是常态而非特例。就连弗洛伊德一向被视为绝对坦诚的典范，也在近年来被指证连连作假。

想必，大多数的人都是不能忍受被欺骗的，无论欺骗的程度或高或低、范围或大或小，其态度都是深恶痛绝的。当我们受骗时，我们的常见反应是对他人的无限抱怨、谩骂或是付诸行动的报仇，以求挽回自己的损失，"勾心斗角""尔虞我诈"更是成了职场上的专属名词。欺骗就如人类本性中的灰姑娘，它是人性的本质，但每次都不被我们所承认。其实，欺骗不但是正常的、自然的，而且是普遍的，并不是一般人所想的那样是精神异常或是道德沦丧的代名词。人类社会是一个"谎言和欺骗的网络"，太多的实话会让它承受不住而解体。

欺骗可以是在有意识的情况下，也可能是在潜意识中进行的；可以通过语言，也可以不用语言；可以直截了当，也可以意在言外。但欺骗别人并不是人人都能应用得得心应手，自欺却是我们易如反掌的事情。自欺是具有对自我意识隐藏信息之功能的心理过程或行为。两千多年来，自我欺骗对于心理学家和哲学家来说，一直是个谜。自欺为何能长久地植根于人类的心智中呢？原因可能是为了有助于我们和他人的相处。自欺不仅可以减轻生活压力，更重要的是，还有助于我们去欺骗别人。现代社会生物学家最重要的一个见解就是看穿"自欺"其实是"欺人"的帮手——只有先让自己看不清楚真相，我们才能完完全全地骗过别人。

当一个人已经习惯了自我欺骗时，就无法再意识到自己的所作所为了，同时也完全无法自知与自省。更何况，自我欺骗的原本目的就是为了刻意地逃避自己。虽然有些人的内心也有改变和提升自己的愿望，但往往是被自我欺骗意识深深地包裹住而无法自拔。所以，我们有必要了解一下什么是自我欺骗，这有助于我们去发现自己是不是在自我欺骗，然后，我们通过识破"自我欺骗"而让自己有能力从中跳脱出来。

习以为常。当人们对不确定的事物抱有丝丝不安时，常会欺骗自己，认为沿用旧有模式是最安全的，所以，人们就在这种自认为安全的环境中逃避不安。经验主义者认为习惯就等同于正常，事情出现的频率多了也就正常了，这是人们最常见的一种自我欺骗模式。活在某种"习以为常"之中，而这往往是一种麻木、不知所以、从众和盲目的惯性。在真实的世界里，一切事物都处于运动状态，没有一成不变的东西。所谓的"习以为常"是不成立的，本质上看是不正常的。有"习以为常"特点的人，没有什么是恒定的标准，他只以事情发生的次数多少为依据，认为发生的次数多就是对的。在这里面，有一种从众心理，大家都这么做，那我这么做肯定也没错，就算错了也是大家一起错。"我们一直都是这么做的，或者，其他的人都是这样做的"这种类似的话语常常被"习以为常"的人挂在嘴边。如今才明白，人们过去一直那么做，和现在自己要怎么做是没有多大关系的。因此，要跳出那种僵化的、重复的在一个封闭的圆圈内打转转的"习以为常"。

勉强地积极思考。教条是指被规定为好的、真实的一切信念、观点。最常用的教育方式是教条灌输，其目的在于让人相信并忠诚地执行教条。勉强地积极思考就是一种对自己进行的教条灌输。教条灌输只是机械式地、不自然地改善行为。试想，当负面的旧思想还存在时，勉强、刻意地去相信并执行与之相反的积极思想到底会产生什么样的效果呢？一个上司对自己的下属抱有极大的不满，但他却一直告诫自己要宽容，不能心存怨恨，可是在心里面却仍然有一个疙瘩，没有得到释怀。为了表示出他早已不计前嫌，他在人前佯装出一副大度的样子。他其实是在自我欺骗，表面上劝服了自己包容别人，内心却一直有着怨恨。由此可以看出，在头脑中去相信和要求自己做到宽容，与真正在内心中让怨恨消除，达到彻底的宽恕是两回事。虽说勉强地积极思考对促进人的正向改变有一定的作用，但同时也会带来不小的副作用。首先，在消极思想、负面问题还存在的情况下，输入一个与之相反的积极思想，会产生一个新的矛盾冲突。为了减轻这种矛盾冲突所带来的心理压力，有些人会选择"自我欺骗"，并时刻告诉自己问题已经得到解决，无须有过多忧虑。其次，灌输一个积极思想会掩盖那些负面问题，让它一直积存，这样做只会让问题更加严重。最后，一个旧的思想往往在宽松、被接受、被理解、无评判的境况中容易被化解、被消除。然而积极思考的出现，给了旧思想一个否定的态度，一个反作用力，这种否定的态度甚至会强化旧思想的隐秘存在。在这里，笔者并非完全否定"积极思考"的价值，"积极思考"只有在自然状态下得到转化，才能被人所领悟和理解；只有被强化到了内心深处，才能发挥出它真正的力量。被灌输的积极思想是一种强制性的思想，徒有虚表罢了。因此，我们要认清呈现出来的那些好的、优秀的方面究竟是我们真实的状态，还是我们虚构的状态。当我们按照自认为应该是这样的标准去做，是否又存在被掩藏的错误念头呢？积极思考是一种用正面积极的态度去取代负面思想的一种方式。比如说，你害怕去做一件事情，积极思考会告诉你胆小害怕是不好的，要有勇气，勇敢地去做那件事情，依着积极思考，你便鼓起勇气去对抗自己的胆小害怕。以内省的方式改变负面状况与积极思考完全不同。同样是针对你害怕去做一件事情的状况，诚实地内省指导你去看清自己到底在害怕什么，所害怕的具体是些什么，然后知道了自己所怕的那些东西并不是真的可怕。内省是对胆小害怕进行静观和自动地化解。当胆小害怕被消除之后，勇气就会自动降临，同时你自然会对生命产生更积极的新认知。

找理由。如果一个行为表现出来的动机是自私或不诚实的，那么我们会将其视为不好。人们为了掩盖心中的企图，就找外在冠冕堂皇的理由来敷衍自己、搪塞别人。也有些人常对于自己的行为感到无知、无法理解。无知给人带来的总是惶恐，因此人们会本能性地去寻找合理的理由来规避这种惶恐，让自己得到虚假的宽慰。人们找理由总是忽视自我，视角主要集中于外部世界如何、他人如何等。实际情况是，外部世界与他人不应该是决定我们所作所为和所思所想的主要依据。我们必须尊重我们内心的真实感受，要有所体察、有所依循，因为真实的东西是不被任何理由所掩盖的。如果你顺从你内心的真实感受，你会心甘情愿地去做某件事。如果我们违背了自己的意愿，否定了自己的真实内心，那么我们内心自会感觉不舒服，这就是我们每一个人与生俱来的良知。良知让我们犯错误时自责，它随时随地监督着我们的行为举止。知错就改，善莫大焉。犯了错误不要紧，关键是要知错能改。如果不自我反省，不主动修正，面对错误找理由开脱，将责任推卸于他人或他物，那么只会让自己继续走在错误的道路上。出现错误，我们不找理由，只找错误的原因。要做到这一点，我们必须诚实地面对自己，不自欺欺人。诚实是心灵成长的基础。首先，要求我们尊重事实。俗话说得好，解释就是掩饰。找理由实际上是想掩盖、歪曲、篡改事实的极不诚实的行为。用理由伪装出的"对"和"好"只是一副假面具，虚荣和面子都是虚无缥缈的东西。生活中切勿"死要面子活受罪"，纸是包不住火的，虚假的面具总有被摘下的一天。如果将找外部理由、借口这些精力、能量用在承认事实、面对自己、扪心自问上，这就由"自我欺骗"变成自我省察了。如果还需要找什么理由，那就智慧些、真诚些，为自己能改变、变成更好的人找找理由吧。

04

勿用放大镜
窥视心中的"欲望"

　　弗洛伊德是精神分析理论的创始人。他在人类精神分析领域作出了前人无法逾越的贡献，同时他的这个理论成了现代心理学的里程碑，对世界范围内的人文科学各个领域的构建作出了积极而伟大的贡献。他指出，精神分析的工作必须基于以下理论：潜意识理论（即意识、前意识和潜意识）和人格结构理论（本我、自我、超我）。其中"本我"代表了本能欲望，它体现了人类生理最基本的各种要求和条件，是人类最容易满足且必须首先得到满足的欲望，如若不然，人类则无法开展其他的社会活动。本我欲望就像一个"任意妄为"的"恶魔"一样向"自我"发起了挑衅和攻击。当然其前提是"自我"能够尽量满足"本我"所提出的要求，否则"本我"将会像个无理取闹的孩子向"本我"肆意地撒娇。"自我"则代表理性和睿智。它的主要作用就是要抑制"本我"的许多"无理取闹"的欲望，不任其自由发展并且向它的上司"超我"产生冲突，它作为一个调节者和平衡者，在中间充当智者的作用。"超我"代表道德法律，是人类思想境界的潜意识，是一种道德的最高境界，它的境界的体现是人类的思想道德的体现。

　　通俗地说，弗洛伊德认为人类的心理疾病的发病原因与被意识压抑在潜意识中的本能、性欲、情感、精神创伤等元素有关。这些被压抑的东西即使不被人们觉察，但在潜意识中仍相当活跃，因此它们通过各种"心理防卫机制"表现出来，同时也在日常的梦境中体现着这些欲望，引起人们自己都不理解的焦虑、紧张、恐惧抑郁和烦躁不安，由此就产生了各种类似癔症、强迫症、焦虑症、恐怖症、神经官能症等症状。

当人类遭遇欲望被压抑时，就要学会选择各种方式来发泄这些欲望，有些人选择去打一场让人大汗淋漓又或者酣畅淋漓的篮球，有些人选择去游戏世界里进行一场远离现实世界的斗争，更有的人选择与大自然进行最亲密的接触，与花花草草们对话交流，将自己融入到最真实清新的自然界中。所有这些行为都是为了让人们将本我的欲望进行压制，甚至是浓缩到不会"背叛"自我的行为。几百万年的进化不仅让我们拥有了超级神经系统，还给予了我们"智慧"，我们的"智慧"让我们必须制定出生存的最好策略——道德和法律，前者让我们不能一味地释放几百万年前我们祖先表现出的兽性，后者则将我们当中的一些严重违反了人类生存共处法则的人们得到惩罚。人类共同制定的社会准则是给予我们更大的生存机会和更大限度的自由，而非将我们的本能欲望暴露无遗，甚至不自主地用放大镜放大我们任意的欲望。

本能像一座活火山，经常出来表现自己的存在，但不考虑后果。如果我们这样无所顾忌地任由我们的欲望和自由发展，就会被称为"兽"，结果只会让社会的"免疫系统"即刻将我们装入另一个动物园——监狱之中。

人大概天生都有偷窥的欲望。弗洛伊德认为强烈的禁忌之所以被严格设定，正是因为那是人性中最深层次的冲动。人类的"最高秘密"——最不愿与人分享的事情是如此惊人的相似。

那么，偷窥的心理是如何产生的呢？这与以下四个方面有关：

（1）完型——对缺憾的东西自然完型的欲望。其实，从内心的深度，人是渴望完整的。渴望着自己想要的一切都是能够完整地得到满足。但是在这个过程中往往会有很多障碍，于是选择了偷窥这种方式。

（2）好奇——好奇是我们原始的本能，但是它与社会的禁忌之间总是存在着许多冲突，如同性欲，每个人都有，但是很少会在别人在的时候进行，甚至在别人面前都不会谈。但是为了满足这种原始的本能需求，很多人就会选择用偷窥的方式。

（3）控制——对于很多人来说，越是看到难以看到的东西，就越是有满足感、成就感。这是一种激发人类欲望深入的启动器，也是一种看似变态的心理活动。偷窥者主宰着整个局面，处于支配地位，掌握着对方关系的主动权。控制感的根本意义在于使人得到安全，通过控制来实现内心的安全感，使自己有所依靠。但是为何要用偷窥来满足控制感呢？弗洛伊德认为，"异常"表现是正常表现无法满足愿望的结果。这样的解释也就说明了偷窥存在的合理性。

（4）已经失控的心理变态。其实任何人的心理都是一条连续的曲线，而且我们每个人都处于这条曲线上的某个点上，没有绝对的有或者无，所以也就有了大小之别、程度之分。正常的心理是一个范围，当你超过了这个范围就会有所谓的心理变态之说。偷窥者往往有这样的状态，他们无法控制这种范围的进一步延伸，就像一匹脱缰的野马，一次又一次地拽着他欲求实现的方向狂奔而去。

当然，从某种意义上说，电影本身就是一种变相偷窥，我们在银幕上学会了窥视别人的生活，由此比对自己，然后得到一种心理满足。如果主人公比自己过得好，我们便认为是编剧自己的美好想象罢了，世上哪有那么容易就能在几集寥寥草草交代着他们命运的电视情节获得幸福？如果主人公过得不好，我们就会庆幸自己是生活在现实世界里，不要那么艰难地走他们正在前行的路，或者更不用担心自己随时会被导演改换剧情，做他们笔下的灵魂演示者。当然，一次成功的偷窥，必须符合以下条件：第一，女主角长相要让人觉得过得去，这是弗洛伊德拿人的天性下的死定理，我们没有办法偷换概念；第二，也是最重要的一条，就是记录的事件一定要让观众产生道德上的自豪感和同情心，这样就能以此抵销侵犯他人隐私的罪恶感，这是一种观众自身从来都没想到的偷窥本质。

05

走智者的路，
让流言无路可走

有一副蕴含着中华民族深厚文化底蕴的对联在网上被疯狂转载——上联是"日本是大核民族"，下联是"中国是盐荒子孙"，横批是"有碘意思"。相信看过这副对联的人都不禁感叹中国汉字内涵的深刻，居然能这么贴切地形容前些日子疯狂抢购碘盐的现象。从表面上看，这似乎是国人嘲讽碘盐抢购潮的。如果我们抛开它极具讥讽和嘲弄的客观因素，这副"搞笑"对联更多的是一种对民众的深刻提醒——提醒民众一定要理性看待日本发生的严重地震灾害，不能被漫天飞舞、扰乱人心的谣言所左右。

民众疯狂抢购食盐的行为使很多地方的超市甚至出现了缺货现象，有的商家更是利用人们的这种保命心理哄抬物价，使我国食盐市场产生了不小的波动。由于日本震后核危机不断加剧，以及网络上食用碘盐可以防核辐射的传言，加之民众担心核辐射未来波及中国沿海，进而污染海水产品及食用盐等，使中国许多地方出现了食盐抢购潮。抢购者担心日本核电站爆炸对人体有影响，买点加碘盐回去吃预防核辐射，有的则担心海水被放射性物质污染，没法再提炼盐。虽然这样的谣言听来令人啼笑皆非，却折射出"心理地震"比强震、海啸乃至"核危机"更可怕。

实际上，目前我国国内食用盐的提取方式包括：海盐、2000米以下井矿盐、西部的湖盐。在我国的食盐中，现在井矿盐占多数，我国生产的加碘食盐

90%以上都是井矿盐，加碘食盐产量、质量和用盐安全完全能够得到保障，即使是海盐，也都是经过严格检测的，所以根本没必要去购买囤积食盐。

这是一种对灾害发生之后关于其波及的范围和影响而产生的过度焦虑心理。从表面上看是有意识的，是国人有意识地进行自我保护的正确表现，也是他们对自我生活品质的高度关心，但是这又是一种无意识的对待身边的危机和灾害所表现出的警戒和防备。他们在这种灾害产生的次灾害影响下不断地寻求安全和防范措施，以求得安生的状态。但是作为人类正常的情绪表现，焦虑不仅仅表现在个人的身上，同时还具有波及性，其范围之大、深度之深是常人所无法预料的。

弗洛伊德最早从心理学角度重视并探讨焦虑的问题。他把焦虑分为客观性焦虑和神经症性焦虑，前者是对环境中真实危险的反应，与害怕一词同义；后者是潜意识中矛盾的结果。学习理论和精神分析理论对焦虑问题的研究有较大影响。一般来说，行为主义者普遍认为，焦虑是一种正常的获得性行为，它本身服从向他人学习的规律，同时能够与其他情境构成一定联系的结果。例如，当一个孩子在情绪失落的情况下在去学校的路上偶然遇见一只凶恶和狂吠的狗，他必然会对它产生回避和恐惧的心理，就连在上课听讲时脑海里还一直浮现着当时被狗吓到的情景，手心冷不丁地在冒汗。以后再见到狗，即使是那种很温顺的狗，他的心理也会有一层阴影笼罩。专家分析，这种初次及后来见到狗时出现的回避和恐惧心理和行为，也许会使孩子失去重新认识并熟悉这种情境的机遇，并使其产生的焦虑乃至恐惧情绪逐步强化。

更糟糕的是，在以后的日子里，这个孩子不仅对现实中的狗产生抵抗和排斥心理，而且对与狗有一些必然联系的客体本身或有狗在场的情境产生泛化作用，从而不断引起内心的焦虑反应。精神分析学家普遍认为，焦虑是一种人类在自我潜意识中不断矛盾、不断斗争的结果，只是其原因和过程并不被他本人所知晓罢了。我们从弗洛伊德早期的关于人类精神分析的著作中得知，焦虑只不过是受压抑的体内力比多（Libido）的一种发泄的出口，接着在后来的深入研究中，他又指出焦虑是存在于人类的自我和本我之间、本能欲望和现实调节之间不断冲突的结果。因此，我们必须认识到当本能的能量在人体内聚集得太多，并且不能够再用原本自身习惯的方式对付它时，就会对人造成一定的精神创伤。在这种情况下，弗洛伊德便把这种自然而然产生的不愉快情绪或状态称为焦虑。换句话说，焦虑有时候对人是有帮助的，因为它能够给人及时提供一种信号，其最大的意义就在于善意地提醒人们：你们在不久的将来即将有危险降临，请及时做好心理准备。因此这时候自我要做的，就是要时刻察觉真实的或潜在的危险所引起的焦虑，同时还要在这种焦虑产生之后，积极动员各种防御机制来与之做斗争或及时躲避这种危险有可能带来的伤害。"趋利避害"不仅是动物们生存的本能反应，同时也是人类本能反应之一，只有具备及时发展焦虑的根源的能力，才能应对生活中有可能发生的各种危机。

弗洛伊德从生理学的角度去解释人的心理现象，提出了心理动力学说，认为无意识中的心理能量是心理活动的动力，一切正常或异常的心理活动和行为表现均是心理能量的表达，而且心理能量的满足与否是判断其心理正常与变态的首要标准。

早期弗洛伊德把心理能量称为力比多，是一种有别于物理能、化学能的，不能进行测量和量化的而又同样服从化学和物理学规律的特殊心理动能。弗洛伊德的理论结构源于对神经症的长期观察与实践，因此，神经症性焦虑是其探讨的重点。他认为神经症性焦虑有三种特性：

一是焦虑的无意识性。所谓焦虑的无意识性是指焦虑产生的根源是来自于无意识深处的性冲动。弗洛伊德认为："焦虑与性生活的某些历程——或力比多应用的某些方式——有很密切的关系。"他认为焦虑与无意识中的本能冲动有关，但对本能冲动如何转化为焦虑情绪没有明确的论述。根据弗洛伊德的无意识理论可以推测：无意识的本能冲动作为心理动力，一直处于活跃与兴奋状态，其力求快乐，逃避痛苦的唯快乐原则让其无视一切现实和道德的规则，总是寻求满足与表达。在无意识之后发展起来的意识状态，表面上处于无意识的"对立面"，与无意识是冲动与压抑、表达与反抗的关系。但实质上，意识亦是为无意识服务的，其主要功能也是满足本能的欲望。

因此，无意识和意识之间没有不可逾越的鸿沟，只是意识采取迂回的方式满足自身的欲望，遵循现实的原则。正因为如此，本能冲动和欲望有可能迫于现实的压力而不得不延迟满足甚至根本得不到满足。

弗洛伊德认为神经症性焦虑与本能冲动的不充分表达与满足有关，即焦虑与冲动的被压抑有关。这种压抑与焦虑之间的关系是一种必要但不充分的关系，被压抑的心理能量有可能向积极方向发展，弗洛伊德称为"升华"。升华是指把被压抑的不符合社会、超我所不能接受、不能容许的冲动的能量转化为建设性的活动能量。升华作用能使原来的动机冲突得到宣泄，消除焦虑情绪，保持心理上的安定与平衡，还能满足个人创造与成就的需要。同时，弗洛伊德认为，力比多没有满足的出路，一方面需要发泄，另一方面又无法升华，则所谓节欲也仅成为导致焦虑的条件。由此可见，弗洛伊德认为焦虑是一个动态发展的过程，致病性和非致病性焦虑之间存在一个"临界值"，当焦虑低于某一"临界值"时，是非致病性的，甚至有积极作用；而高于某一"临界值"时，则是致病性的。

二是焦虑的无对象性。所谓的无对象性是指有该情绪体验的个体不能明确说出让其紧张和忧虑的具体对象。所以，焦虑的无对象性是该情绪广泛而普遍存在的理论基础，它可以脱离具体的时间和情境而单独存在。从这一个角度看，焦虑的存在和产生具有无条件性，但仔细分析会发现，无条件的前提是无意识的内容与意识的规则相冲突。所以，弗洛伊德认为，当无意识的内容受到压抑时，焦虑简直是一种通用的钱币，可用为一切情感的兑换品。当然，弗洛伊德也认为，为了使焦虑情绪更具合理化，个体往往借助"润饰"作用，把焦虑情绪附着于具体的事物之上，如对死亡的焦虑。

三是焦虑具有症状化倾向。所谓症状化倾向是指焦虑作为冲突的结果，往往也是一些症状产生的原因，例如病人用强迫行为代替焦虑情绪。

孔子曾经说过："道听而途说，德之弃也。"荀子也曾说过："流丸止于瓯臾，流言止于智者。"面对流言，只要稍微动一下脑筋就不会被假象牵着鼻子走，流言也就失去了生存的环境。有道德的人应该远离流言，让流言无法传播。聪明人应该正确辨别流言，然后戳穿它。

人们不禁产生这样的疑问，日本强大的地震真的会让中国原本乐观的食盐市场变得杂乱无章、六神无主吗？答案是否定的。中国的食盐储存量远远超出了人们的想象，仅在我国甘肃地区，每天都有大量的食盐被炼制出来并运往全国许多城市，如果人们仅就因为一个"食用碘盐就能防辐射"的毫无科学依据的留言而产生恐慌，疯狂地囤积食盐已抵御辐射，那么这一点会是个挺无厘头和搞笑的事情。我们要冷静下来仔细想想，为什么仅仅是亚洲东北部的一个岛屿发生的地震，却竟然引发了我们这样一个矿盐供应十分充足的大国的"盐慌"？我们应该怎样反省自己犯下的低级的错误？当然，在面对日本福岛核电站因地震而产生的核泄漏并导致可能带来的核辐射的威胁的问题时，老百姓担心自己的生命安全，做出了疯狂的非理性举动，是人之常情，不应该受到过多指责。而在这种从众行为中，对于核知识、我国食盐供应的大致情况以及"碘"相关知识的不熟悉则是重要的原因，这样便导致除沿海地区的民众"抢盐"外，连盛产井盐和湖盐地区的中部和西南部的民众也盲目跟风"抢盐"。

　　我们始终相信，但凡国际国内的重大自然灾害或突发公共事件发生后，总会有各种谣言相伴而生。同样，在日本东北地区发生地震后，与之相关的谣言也相继大量出现。各种谣言的泛滥传播显示了在灾难发生之后人们对于信息的强烈求知欲。但由于政府和相关机构处于稳定考虑而对于相关信息的封锁就导致了不透明和知识普及的不到位，谣言便自然而然地产生一些无端的恐慌。自福岛第一核电站接连发生4起爆炸事故后，"核恐慌"的阴云又开始扩散，距离核电站千里之遥的部分国人开始担心核辐射可能对自身造成的危害。事实上，此次福岛核电站事故远未形成最坏的结果，即便发生核燃料的泄漏，对中国的影响也不会有人们想象的那么严重。

　　我们不得不承认，某些国人的信谣、传谣乃至跟在谣言的屁股后面走，已经折射出国民科学素质缺失的事实。谣言事件，其实已屡见不鲜，但也屡禁不止。2011年，江苏响水发生的"谣言大逃亡"，导致四人死亡就是典型的一例。

　　2011年2月10日凌晨2时许，江苏省盐城市响水县有人传言，陈家港化工园区大和化工企业要发生爆炸，导致陈家港、双港等镇区部分不明真相的群众陆续产生恐慌情绪，并离家外出，引发多起车祸，造成4人死亡、多人受伤。

　　响水县公安部门于10日下午4时初步确定并抓获此案件的谣言来源者刘某。经查，2月9日晚10时许，刘某给响水生态化工园区新建绿利来化工厂送土过程中，发现厂区一车间冒热气，在未核实真相的情况下，即打电话告诉其正在打牌的朋友桑某，称绿利来厂区有氯气泄漏，告知快跑。桑某等在场的20余人，即通知各自亲友转移避难。这则谣言的传播链条无形中就此形成。在传播过程中，绿利来化工厂被置换为园区内另一家企业大和氯碱厂，而事件程度也在人们口耳相传中愈发严重，最终导致了一场万人大逃亡。11日凌晨4时左右，由于下雪天黑路滑，双港镇居委会八组群众10多人乘坐的1辆改制农用车滑入河中，当场2人死亡，另有5人受伤，送至医院后，又有2人抢救无效死亡。

当地公安部门得到消息并及时上报后，县委立即召集相关镇区和部门，成立事件处置工作领导小组。截至11日早晨6时左右事态平息，群众陆续返家。

2月12日，编造、故意传播虚假恐怖信息的犯罪嫌疑人刘某、殷某被刑事拘留，违法行为人朱某、陈某被行政拘留。

有句话说得很在理：谣言止于智者，更止于"治者"。我们大力支持的政府必须使发布的信息更加快捷、具体、真实而透明，才能掌握止住流言的主动权，让公信力回归政府手中，同时我们要让民众始终相信官方信息，即便在突发事件发生期间也坚信不移，除了相信官方信息和专家建议，别无他法。我们的政府必须做到让沿海地区的核辐射监测数据得到及时和公开的发布，并且积极做出相应的专业解读，不让民众产生不必要的误解；同时还要随时应对数据的动态变化的现象，将权威发布的话语权掌握在自己手中。政府在信息的处理上必须要像天气预报那样，能让公众一目了然，并且能够自觉地运用自身所具备的认知能力从已知的数据中推断出科学理性的结论。除此之外，政府还应建立各种信息公开平台，例如借助当今社会便捷的网络平台的力量，使权威信息的发布呈现制度化、常态化和动态化，做到全覆盖、无盲区的发布标准。另外，有关核辐射污染的科学普及的任务必须时时跟进，循序渐进。对民众的核恐惧心理的及时咨询与抚慰也要紧紧跟上时代的脚步。不可忽视的是，政府相关职能部门也应加强舆情监控，对网上热点、焦点传闻的传播路径要跟踪监测，及时澄清事实的真相，正确引导舆论的走向，努力减少并消除各种虚假传闻对民众产生的心理影响。另外，我们对那些蓄意制造和传播各种谣言、企图扰乱人心、煽动滋事的别有用心者绝不手软，坚决绳之以法，以保社会正常稳定。

当然，在后来的"抢盐慌"中，我们逐渐抓住了应对危机的有效方法。

面对含碘盐的抢购潮，中央政府的应对措施还是比较积极和有效的。因为不仅各地都采取了相应措施，保证生产、运输、供应，同时在各种媒体上通过专家详细介绍，大众更加了解了碘不可随便使用的特征。智者本来就不该相信流言，但"治者"止住流言更重要。

中国国民普遍怀有从众心理，此次抢盐并非特例，在平常的购物当中也是屡见不鲜。只要有一群人拥堵在那儿，必定会有更多的人前去围观。"有备无患"是年纪大者的经验之谈，因此，此次的跟风抢盐也就显得不足为奇了。如何才能有效地止住流言？最佳的办法是采取及时而切实的措施。除此以外，国民加强对事物的判断分析能力和自己心理的防御能力是关键，不跟风，不盲从。因此，政府现在要做的是严厉打击为获取非法利益的谣言散布者，努力做好辟谣工作，做好危机事件的应对预案，加强高效有序的社会管理，提高公信力；媒体的报道要做到准确、及时和透明，提高权威性。

06
人生低谷时别掉入
"仿同作用"陷阱

　　"仿同"这一词或许对我们来说比较陌生，其实它每时每刻都伴随着我们。如何理解"仿同"？"仿同"不是一种结果，而是一种状态，它是我们潜意识里的一种过程。当我们有自己仰慕的人时，"仿同"会帮助我们去模仿；当我们有无法实现的愿望时，"仿同"会安抚我们失落的心情。如：一个孩子模仿他偶像的过程就是一个"仿同"的过程；一群孩子玩过家家时，在仿同作用下，他们模仿着家里父母做饭的情景；又如当今社会的时尚潮流也存在一种"仿同"过程。

　　仿同作用产生的最根本原因在于人格中的内射作用。内射作用是一种与外射作用相反的心理防卫术，它是将外界的因素吸收到自己的内心，成为自己人格的一部分的一种心理防卫术。事实上，人们的思维、情感及行为，往往是受到外界环境的影响而表现出的心理活动，特别是在早期的人格发展过程中，婴幼儿最易吸收、学习别人，特别是自己父母的言行与思维，从而逐渐形成自己的人格。比如说，有个孩子在墙上乱涂乱画，被父亲说这是不应该的，影响了房子的美观，他就不敢画了，假如此事重复了几次，父亲的批评也就渐渐内射到孩子的头脑里，以后即使父亲不在他自己在脑子里也能进行判断，这是不应该做的事，于是就停止不做了。换句话说，父亲的道德、价值观念已被孩子内射到他的性格中去了。孟母三迁是我国古代有名的故事，就是现在，人们在搬家时，也无不事先探听周围邻居各方面的情况。至于孟母为何三迁，大家又为何如此关心周围的环境，理由很简单，因为懂得近朱者赤，近墨者黑的道理。这种近朱者赤，近墨者黑的现象，就是内射作用的结果。

内射作用通常是毫无选择的，广泛地吸收外界的东西，但有时却通过特别的心理动机，有选择地吸收，模仿某些特殊的人或物，我们将其称为仿同作用。仿同是指一种吸收或顺从另外一人或团体的态度或行为的倾向，当个体欲吸收他人的优点以增强自己的能力、安全，以及接纳等方面的感受时，就可采取仿同的心理防卫术。比如说，女孩子因喜欢、羡慕妈妈，结果模仿妈妈，学妈妈擦口红，穿妈妈的鞋和衣服等。通过仿同，有助于孩子性格发展成熟。

一般来说，仿同的动机是爱慕，是正常的心理现象，但有时却是由一种心理防卫机制而产生的。举例来说，一位少女自称生平最讨厌遇事大声吼叫的女人，可是自己遇到了生气的事，却总是控制不住大吼大叫，而事后又每每因其失态而后悔。经深入查询，发现这个女孩子有一个非常专横的母亲和一个非常柔顺的父亲，家中的事情父母之间一旦存在意见分歧时，只要母亲大声一吼，父亲就俯首称是，照母亲的意思去做。做女儿的生在这样的环境里，久而久之就形成了一种认识，即遇事不分对错，只要谁的声音大，谁就得胜。虽然她理智上知道大声吼叫是不好的，但是在潜意识中，却处处模仿她母亲的粗陋行为，因她觉得这才是制胜之道。一方面她对母亲的这种行为很反感，另一方面又觉得这是应付困难的好办法，只要她面临困难就大声吼叫。这种一方面感到反感，另一方面又去仿同的现象，称之为反感性仿同作用。

与之相类似的现象是与恐吓者仿同，称之为向强暴者仿同。它是指有些人常受强者恐吓、威胁或欺负，很害怕，也很讨厌，可是因为被威胁、恐吓得没办法，结果向恐吓者模仿，自己也变成一模一样地去威胁或欺负比自己弱小的人。以免因被人恐吓而害怕的心理，这也是一种心理防卫机制的表现。有些孩子经常被父母或哥哥殴打、欺负，结果反而模仿他们，转而去打弟弟或动物，以减轻或消除自己被欺负的心理。

有时一个人失去他所爱的人，会模仿所失去的人的特点，使其全部或部分出现在自己的身上，以缓解内心因丧失所爱而产生的痛苦，称之为向失落者仿同。这是心理防卫机制的一种表现。比如，有一位年轻人自从母亲去世后，常常担心自己会患上心脏病，不时按脉搏、摸头部，只要身体稍感不适，就东奔西跑找医生，要求量血压，做心电图，唯恐心脏病突发而身亡。分析其原因，原来他母亲一向很关心他的身体状况，只要他身体稍微不舒服，马上就替他按脉搏，摸头部，找医生检查。现在母亲去世了，他在不知不觉中扮演了母亲的角色，模仿母亲关心他身体不适的习惯，他这样过分关心自己的身体状况，潜意识中保留了他已逝母亲的一些气质与习惯，借以使他产生仿佛母亲尚在身旁的感觉，以缓解失母之痛。

仿同的心理防卫术使用过甚或仿同了错误的模式，其行为反而会变得不正常。充满矛盾的仿同，有时易导致多重性格。上述这些仿同现象，基本上源于内射作用，因内射作用主要是婴儿早期心理机制的特点，是人格未成熟时所表现出的心理活动，故内射作用被认为是不成熟的心理防卫机制之一。

人总会有心情低落的时候，不管是因为爱情还是因为友情。当人处于低潮期时，对任何事情都提不起兴趣来，总是想着那些伤心的事情。

心理学家告诉我们，仿同作用是产生歇斯底里症状极为重要的一个动机。比如：跳楼，它是歇斯底里症状的一个极端表现行为。

富士康青年员工的"十三连跳"已经成为举世瞩目的事件。这么多年轻生命的陨落，不得不让我们反思造成"十三连跳"的诸多原因。社会的原因也罢，公司的管理也好，个人情感也有，都可能是导致这些年轻人跳楼的诱因。富士康的根本性问题是让员工"非人性化"或"去人性化"了。人与动物的根本不同，在于人追求价值和意义，思考"为什么活着""人生的意义"，并为此而努力。另一个根本不同，是人具有自我意识，追求内心的愉悦体验和精神享受（例如体面、尊严）。这些就是所谓的人的本性。富士康的一套做法，恰恰让员工们既迷失了价值和意义，又丧失了体验和享受。当人感到活着的价值与不活着相差不多的时候，当感到生活是一种煎熬、痛苦而不是兴奋和崇高的时候，生命也就变得一钱不值。常人难以理解的跳楼，在他们看来却是"顺理成章"的事。一个人心里有矛盾、有冲突、有困惑，就会有苦感、有痛感；自己解决不了，就会寻找社会支持系统的帮助（亲戚、朋友、家人、上司等），社会支持系统解决不了，人们才会寻找"专业救助"。很多人在相对封闭的环境中会产生很大的心理问题。现有工作又不能带来一个光辉的未来，再加上社会支持系统不完善，所以自己有了这些心理问题后，才会选择去自杀。

"仿同作用"并不是单纯的模仿，而是一种基于同病相怜的同化作用再加上某些滞留于潜意识的相同状况发作时所产生的结果。任何事物都具有两面性，尽管仿同作用作为人格的心理防御机制之一，但在我们处于人生低谷或是心情低落时，我们的心灵一旦缺失了社会支持或是自我保护后，"仿同作用"起到的就不是所谓的保护作用了，而是一味地吸收消极的或是极端的态度，促使自己走进"仿同作用"陷进，一发不可收拾。或许大家都曾有过这样类似的感受，当我们心情低落时，无论是因为生活、学习还是工作，任何事物在我们眼里都不是美好的，看什么都不顺眼。富士康员工在封闭的工作环境里缺乏本有的社会支持系统，而媒体对富士康多起跳楼事件轻率地冠以"某连跳"的连续报道，无疑放大了"跳楼事件"的影响，对后来跳楼者的"跳楼"起了"维持效应"的作用。倘若媒体负责任地报道，可能会减少"仿同作用"的达成。

当我们遇到危险的时刻，特别是无人援助的境地，一定要坚信自己的力量，因为唯一能摆脱困境的方式只有靠我们自己来实现，而其中最关键的内容，就是要有一颗理智的、沉着冷静的心。

第二部分

剥离情结：
幸福情感五步曲

这里的情结就是指俄狄浦斯情结，它是弗洛伊德个体无意识学说的具体体现之一。弗洛伊德通过研究发现"男孩子早就对他的母亲发生一种特殊的柔情，视母亲为自己的所有物，而把父亲看成是争夺此所有物的敌人；同理，女孩子也以为母亲干扰了自己对父亲的柔情，侵占了她自己应占的地位"。"而且父母本身也常刺激子女，使他们产生俄狄浦斯情结的反应。因为他们往往偏向异性的孩子。所以父亲总是宠爱女儿，而母亲总是偏爱儿子；或者，假使结婚的爱已经冷淡，则孩子可被视为失去了吸引力的爱人的替身了。"由此演绎出几种情结，即母子之间的"恋母情结""恋子情结"和父女之间的"恋父情结""恋女情结"，但这些情结的特点是都不以有形的性欲满足和生殖为目的。弗洛伊德认为由于社会文明发展，人们羞于言说自己的生存意志，强力压制自己的个体欲望。男孩子尤其强力压抑自己自小以来对于自己母亲的爱恋。弗洛伊德据此提出了所谓的"俄狄浦斯情结"。弗洛伊德的理解是像俄狄浦斯一样。在潜意识中有着弑父娶母的欲望，它能主宰人们，而人们对此却无能为力，这一观念在弗洛伊德看来是根本不受意识左右和控制的。该情结源于俄狄浦斯王的故事。

　　俄狄浦斯刚一出生就被安排了杀父娶母的命运。因此他的父亲忒拜国国王拉伊奥斯让一个牧羊人把他抛弃。但科林斯王发现了他，并将他收为养子。俄狄浦斯长大后，知道了自己杀父娶母的可怕命运，毅然决然地选择了离开。可事不凑巧，他恰好来到了忒拜，在那里当了国王，而且还娶了前王的妻子。不久，忒拜城里发生了瘟疫，死了很多人，弄得人心惶惶。神说只有找到杀害前王的凶手，瘟疫才能停止。而当地的预言家说凶手就是俄狄浦斯，俄狄浦斯不信，认为这是一场阴谋，有人要陷害他。王后告诉他前王是在一个三岔口被人杀死的，俄狄浦斯回想起自己确实曾在一个三岔口杀死一位老人。经过调查，找到了当年的牧羊人，事情真相大白，印证了神的预言——俄狄浦斯杀父娶母。当他终于知道自己还是杀生父娶生母后，刺瞎了自己的双眼，离开忒拜国，自我放逐。这就是《俄狄浦斯王》的整个内容。俄狄浦斯最后确实是没有摆脱杀父娶母的命运，但却不能说在他的潜意识里就希望自己杀父娶母。人们只看到他杀父娶母的结果，却没有注意到他自己为摆脱这一命运所做的努力和抗争。他因为自己杀父娶母这一命运，离开了自己的养父母科林斯王夫妇。当他得知自己还是未摆脱杀父娶母这一命运后，甚至刺瞎了自己的双眼，自我放逐。这正是他对自己这一命运所做的有力的反抗和回击。这也正是俄狄浦斯的悲剧之所在。俄狄浦斯是最聪明的，他知道人是什么，否则也不会当上忒拜国国王；但他又是最不聪明的，因为他连自己做了杀父娶母的事情都不知道。他努力与命运相抗争，最后还是输给了命运。试想一下，如果俄狄浦斯不做抗争，也许就不会有杀父娶母这一结果的出现。如果他不抗争，不离开自己的养父母科林斯王的身边，也许他可能就不会杀生父娶生母了。当然这只是一种假设，如果这个假设实现了，或许就没有弗洛伊德的所谓的"俄狄浦斯情结"，即恋母情结了。

对"俄狄浦斯情结"的解释学界一直存在着分歧，另一个典型代表就是《哈姆莱特》。哈姆莱特是丹麦的王子，他的父亲突然神秘死去。他的叔父克劳狄斯登上了王位，并娶了哈姆莱特的母亲。于是哈姆莱特开始了与自己叔父的内心较量，踏上了为父报仇的征程之旅。戏的一开始，哈姆莱特就陷入了家庭的不幸之中。他所崇敬和热爱的父王突然死去，使他痛不欲生。他所爱的母亲很快又与他的叔父结了婚，这使他的生活理想破灭，对一切东西都失去了应有的兴趣。哈姆莱特从他的好朋友霍拉旭那里听说了丹麦城堡露台有鬼魂出现，好奇心的驱使使他在一个阴森幽暗的夜晚登上了露台。而那鬼魂正是哈姆莱特的父亲。父亲向他诉说了自己被害的经过。哈姆莱特气愤之极，怒火中烧，决定替父报仇，杀死自己的叔父。剧中的他完全可以在其叔父做祷告时，一剑刺过去，将其杀死，但他错失了良机。他的这种犹豫和延宕，被人们认为具有"俄狄浦斯情结"，即恋母情结倾向。年轻的王子为什么要延宕？为什么要在杀父之仇不共戴天这样如此重大的事情上举棋不定？弗洛伊德为人们提供了解释。他认为，经精神分析临床实践表明，每一个男孩潜意识中都有"杀父娶母"的念头，这种孩提时代的愿望，在后来成年时代的无意识中一直延续下去。而哈姆莱特之所以犹豫不决，是因为在他的潜意识中他也希望能像自己的叔父那样，杀死自己的父亲，自己登上王位，然后娶自己的母亲，只不过自己的叔父把自己潜意识中的想法付诸于实践罢了。换句话说，哈姆莱特在无意识中已经赦免了他的叔父。有哈姆莱特的台词为证："如果人人咎由自取，谁能躲过一顿鞭子。"当然，作为一个有着很强的理智与理性的成年人，又不能原谅他的叔父。他的这种原谅和延宕是无意识的，与其说哈姆莱特要替自己报杀父之仇，倒不如说是叔父帮助他杀死了父亲，从而解除了他自幼以来的一块心病。哈姆莱特说要替父报仇，却总是犹犹豫豫的，一会儿感觉到敌人太强大了，而自己又是那么渺小；一会儿又对鬼魂的真实性产生怀疑，几次使计划落空。虽说最后哈姆莱特还是杀死了叔父，但代价也是十分惨重的：他的恋人奥菲利亚精神失常，最后掉进水里被淹死，哈姆莱特母子也双双身亡。基于此，琼斯（Jones）指出"俄狄浦斯情结"即"恋母情结"是哈姆莱特行动延宕的下意动机。在琼斯看来，哈姆莱特热衷从事的都是别的事情，而不是复仇，哈姆莱特一会儿假托自己太懦弱，不能履行这一职责，一会儿又怀疑鬼魂的真实性，等等，其实都是在逃避为父报仇，杀死叔父的现实。自己潜意识中的想法，自己渴望去做的事情，被叔父抢去，并用行动证实，替自己完成了自己想做而又不敢做的事情，他的罪恶的心理阻止他完全谴责他的叔父。在哈姆莱特看来，叔父克劳狄斯和自己个性中埋藏最深的东西是连为一体的。如果他杀死了自己的叔父，那就表明在自己意识的领域里彻底扼杀了自己潜意识中的想法，也就彻底否定了自己，这是哈姆莱特自己所不愿意看到和接受的，所以他才会一再错失杀害其叔父的好时机。基于此，人们认为哈姆莱特之所以犹豫不决，没有杀死他的叔父，是"俄狄浦斯情结"即恋母情结在他的潜意识中作祟。这当然不失为解释哈姆莱特为什么错失良机的一个很好的理由。但也应该注意到，当时他的叔父正在做祷告，正在和上帝交流，他的灵魂此时是自由的、是圣洁的。如果此时哈姆莱特把他的叔父刺死，从他叔父的角度而言，灵魂也许因此而进了天堂，从而掩盖了他杀兄娶嫂的罪行。而从哈姆莱特自身来讲，上帝此时正在关注他的一举一动，如果他把正在向上帝做祷告、做忏悔的叔父杀死，他的罪行也许比他叔父杀兄娶嫂还要严重。这或许才是哈姆莱特在机会来临时犹豫不决的真正原因吧。正如剧中所说，哈姆莱特想到："我如今趁他正在洗心赎罪并且最易于受死的时候把他杀死，这能算报仇了吗？不，收起来吧，刀，你等着更残忍的机会吧，当他醉卧的时候，或是发怒的时候，或是在床上淫乐的时候；赌博的时候，咒骂的时候；或是在做什么不带超度意味的事情的时候；那时候打倒他，让他的脚跟朝天一踢，他的灵魂就要坠入幽暗的地狱里去，永世不得翻身。"通过哈姆莱特自己的内心矛盾与较量，应该可以看出他犹豫不决，错失良机不是因为他有"俄狄浦斯情结"，而是由于他的叔父此时正在做祷告，正在"洗心赎罪"。

　　但不管怎么样，站在心理学的角度，对"俄狄浦斯情结"的理解，我们一致将其比作有恋母情结的人，有跟父亲作对以竞争母亲的倾向，同时又因为道德伦理的压力，而有自我毁灭以解除痛苦的倾向。"俄狄浦斯情结"以伪装的形式表现在我们的生活里。它不仅影响一个人的生活方式，也表现在我们的家庭、婚姻、艺术、流行歌曲、文学、幽默、亵渎神圣和其他许多方面。"俄狄浦斯症结"像其他精神分析理论的元素一样，暗示着一般人有极为原始的感觉存在身上。对多数人而言，这种存在观念对于他们的道德背景简直是一种侮辱，他们很不容易接受这种感觉。即使有人只是稍微暗示到"乱伦"这两个字，他们马上就会产生很强烈的嫌恶。因为这个缘故，"俄狄浦斯情结"的理论对许多人常造成非常大的惊吓，甚至他们当中有些人，可能拿它来作为巧言的托词，而拒绝一切有关精神分析的事情。我们常可看到的是：某个男人与一个年纪大他很多的女人结婚，那就是这方面的好例子。更戏剧化的是报纸上偶尔也刊载这类的故事：一个女孩为了某种原因杀害了她的母亲。这些感觉时常表现在个人的畏惧结婚上，或表现在太过分想结婚（或离婚）的偏好上。这只是少数几个例子。它们都是社会提供给我们的表现形式；不过，这种情意症结如果越强，就越容易被自己发现——通常是一种情绪不健康的讯号。对本身的这种问题相当了解的人（不论是经由什么方法）往往是情绪相当健康的男女。

在这里，笔者想说的是，通过这一章节认识弗洛伊德的"俄狄浦斯情结"，将有助于我们更好地处理在生活中所遇到的情感问题。大部分人往往在家庭关系，比如婆媳关系、夫妻关系、父母与孩子关系等方面处于迷惑状态。当家庭出现风波的时候，不能很好地明白问题的根源，以至于在选择处理方式时欠妥。明明就是芝麻大点的事情，非得将其恶性发展，弄得一发不可收拾。

07

别让"俄狄浦斯情结"
危及你的婚姻

　　弗洛伊德的精神分析理论，不仅仅适用于那些精神病患者，同样也适用于我们的生活。我们知道，生活中处处都是心理学。社会的主体是人，只要有人存在的地方，就有心理学的踪影。在这里，"俄狄浦斯情结"更多的是表现在"恋母情结""恋子情结"上。弗洛伊德认为，恋母情结产生于人的潜意识，尤其是男人的潜意识。不管什么样的男人，在潜意识里都存在一定的"恋母"的情感。不管是在什么地方、什么场合还是什么领域，均能见到男人"恋母"的痕迹。你可否觉得外面再怎么好吃的饭菜都不如自家妈妈做的好吃？你可否觉得自己时常会拿自己妈妈的行为准则来要求自己？你可否觉得依偎在跟你同床共枕的老婆怀里有种被妈妈疼爱的感觉？你可否有外出回家向妈妈汇报情况的举动？倘若你有这样的感觉，那么可以证明，在你的潜意识里埋藏着"恋母"的情丝。

　　历数中国的失败婚姻案例，笔者发现，中国婚姻的破裂往往都与婆媳关系密不可分。换句话说，传统的中国家庭婚姻中，儿子的思想一半属于媳妇，一半属于母亲。每当婆媳争吵时，夹在婆媳之间的儿子往往倾向于母亲一方。在中国古代文学、现代文学作品中，一旦涉及家庭纠纷时，我们均能看到因"恋母情结""恋子情结"所导致的失败婚姻的影子。

　　袁昌英在1929年把《孔雀东南飞》改编为3幕话剧，一反传统地把焦母理解为封建礼教、封建家长制的代表，对这一形象做了独特的艺术处理，"把她写成悲剧的主人公，使我们的同情都集中于她身上"。剧中探求了隐藏在任务活动背后的心理动因，认为"恋子情结"是焦母之所以驱逐儿媳妇刘兰芝的主要原因，因为"母亲辛辛苦苦、一把屎一把尿地把儿子拉扯大，却被一个毫不相干的女人霸占了，心里就有些愤愤不平，年纪大了或者性情恬淡的人，把这种痛苦蓦然吞下去，假使遇着年纪还轻、性情剧烈而不幸又是寡妇的女子，焦仲卿与刘兰芝的悲剧就不可避免了"。

被我们所熟知的《白毛女》也夹杂着"俄狄浦斯情结"。剧中的黄世仁也有"俄狄浦斯情结"，即恋母情结的倾向。因为在作品中，当黄世仁的母亲把喜儿从家中赶出来以后，黄世仁没有激烈的反应，甚至没有对母亲进行反抗，而是无动于衷。基于此，有人认为一方面黄世仁的母亲对黄世仁的爱已经超过了应有的母子界限，她不能容忍自己的儿子身边再有别的女子；另一方面黄世仁对自己的母亲也有一种过分的依恋和爱恋，所以他才对于其母将喜儿从家中赶出无动于衷。

除了上述两大作品以为，历来关于婆媳关系的作品举不胜举。它们把较多的笔墨放在人物心理的挖掘上，尤为大胆的是不再避讳多年守寡熬成婆的婆婆隐秘的性爱心理。许钦文的《疯妇》（1926）、柔石的《怪母亲》（1929）、鲁彦的《屋顶下》（1932）、张天翼的《善女人》（1935）、周文的《爱》（1936）、曹禺的《原野》（1936）、张爱玲的《金锁记》（1943）、巴金的《寒夜》（1946）等就是其中的代表作。尽管上述作家并不像袁昌英那样深受弗洛伊德的精神分析学影响，有的甚至表示根本就没有接触过此理论；尽管上述作品也不像袁剧那样刻意地运用"俄狄浦斯情结"来诠释人物心理和分析婆媳矛盾，有的可能还对"俄狄浦斯情结"持否定态度。但从上述作品中人物的设置、情节的安排、语言的描述，还是不难看出作家们或多或少地表现了——在孤儿寡母的旧式家庭里，婆媳矛盾更有"俄狄浦斯情结"在作祟。

聊了中国文学作品，我们再来看看现代影视作品又是怎样体现家庭生活中的"俄狄浦斯情结"的。当然有人可能会质疑，笔者仅仅通过文学作品、影视作品来例证家庭中的"俄狄浦斯情结"给婚姻带来的危机是不全面的，但笔者只想说，不管是文学作品还是影视作品，一切的艺术都源于生活。倘若说，这样的作品不能作为笔者的佐证，那为什么这些作品又能世代相传，深深地打动人心呢？其最根本的原因在于它就是人们生活的真实写照，观众们将其身心完全融入到作品的情境中，认真地演绎自己的角色。下面我们再来看看《金婚》。

由郑晓龙于2006年导演的《金婚》是大家十分喜爱的一部电视剧，当然不乏对著名演员张国立和蒋雯丽的超级喜爱。《金婚》里的故事是开始于中国社会主义改革基本完成时期，即1956年。它讲述了一对平凡夫妻的婚姻生活，即文丽与佟志的婚姻生活。自新中国成立以来，他们的婚姻经历了20世纪50年代、60年代、70年代、80年代、90年代乃至21世纪等非同凡响的年代。他们的婚姻经历了50年的风风雨雨，也见证了中国50年的发展变化。该剧以编年体的形式，一年又一年地讲述了这对夫妻50年的坎坷婚姻路，同时也影射出了中国在50年中坎坷的发展之路。

正处于风华正茂的小学数学老师文丽和重型机械厂的技术员佟志结为了夫妻。他们从血气方刚到年迈体衰，从相知相识再到相爱，从爱情到婚姻以及从为人父母到最终成为祖父母，手牵手共同走过了漫长而又坎坷的50年婚姻之路。

妻子文丽是地地道道的北京人，在家排第三。年轻漂亮的她十分喜欢苏联爱情小说，由此也对爱情和婚姻充满了浪漫主义，但她过于追求小资情调，并且性格略显任性，生活中有洁癖。丈夫佟志是重庆人，独子。他性格开朗，但缺乏一定的乐观人生态度，谈吐风趣幽默，生活中注重实际的东西，缺少小资情调。两人在热恋期实属一对欢喜冤家，但进入初婚阶段后，他们在性格和生活习惯上均不能相互融合，加之又早早为人父母，导致在婚姻生活的各个方面都要发生矛盾，常常为一些鸡毛蒜皮的事发生口角、争斗，无论是在衣食住行、子女教育还是婆媳关系以及性关系上。但争吵过后也便迅速和好如初，不至于过早地出现婚姻危机。

进入中年阶段，也是婚姻的疲惫阶段。丈夫的事业正处于大好时机，故丈夫常常因为工作而忽略妻子，妻子对此也表现出了不满。丈夫为抓住提升的机会，给自己的事业一个满意的交代，于是力争到三线工作，夫妻也因此而两地分居。在三线工作期间，丈夫遇到了一位年轻漂亮的女同事，并心生好感。哪知苗头刚出，便被妻子给掐住了。妻子闻讯后大闹厂党委，要求调回丈夫，夫妻关系才得以维持。妻子强行要求丈夫离开三线返乡也造成了丈夫理想事业的落败，从此丈夫也就为此郁郁寡欢，表现出一副"身在曹营心在汉"的态势。另一方面，妻子被沉重的家庭负担压得喘不过气来，又要成天对着丈夫絮叨。

由此一来，夫妻之间的交流是越来越少，犹如两个熟悉的陌生人。以往如胶似漆、嬉戏打闹的场景已荡然无存，而呈现在观众面前的是一幕幕冰冷的夫妻生活。夫妻的关系似乎也已经走到了尽头，在这个节骨眼上，那位曾经与丈夫产生过暧昧关系的女同事又再一次地出现在了他生活当中。在事业和婚姻都失意的情境下，丈夫犯了男人常犯的错误。得知此事的妻子在悲恸欲绝之后，愈发变得稳重、成熟，她奋力支撑起这个家庭以求度过这个重大危机，她不吵不闹忍辱负重，既照顾重病的婆婆，又教育四个儿女。其实在丈夫的内心深处，妻子和家庭仍然是占首位的。在人生最关键的十字路口上，在激情的诱惑下，丈夫明智地选择了家庭，选择了亲情。

步入老年，他们的婚姻也开始变得牢固，彼此相濡以沫，不离不弃。但上天似乎对这对夫妻并不厚爱，年迈的他们被疾病困扰，妻子得了重症危在旦夕；三个女儿的情感婚姻也并非一帆风顺，最得宠的小儿子也英年早逝。他们经历人生最惨痛的一幕：白发人送黑发人。可正是由于他们的相亲相爱、荣辱与共和生活上的相互扶持让他们度过了人生最艰难的日子，他们的婚姻在曲折中前进，最终牵手走进了金婚。

通过对《金婚》剧情的再现，不知道那早已尘封的记忆是否又能清晰可见呢？在《金婚》里，有这样两个环节淋漓尽致地演绎了"俄狄浦斯情结"的生活写照。第一段是佟志的母亲从四川来到北京，与儿子、媳妇一同住下。在小小的单位房里，婆媳矛盾激化是在所难免的。母亲带着失去老伴的沉痛心情来到了儿子身边，母亲失去了对其丈夫的爱，进而将其爱更进一步转换到对儿子的爱，也就是俗称的"心理占有"。来到了北京，母亲与儿子、媳妇朝夕相处，虽说儿子常表现出一副一心偏向母亲的样子，但实质上儿子无时无刻不受制于儿媳妇。母亲心理极度不平衡，她觉得自己在困难的时候是如何含辛茹苦地将自己的儿子养大，且儿子在工厂的地位，要是没有母亲，就不会有现在儿子的小小成就。母亲似乎已经察觉到，自己的儿子已经完全被那个女人给霸占了，因此，母亲看儿媳妇是处处不顺眼，样样要挑刺。常常因为生活琐事刁难儿媳妇的不是，儿媳妇因此也几度被激怒跑回娘家。因为婆媳矛盾，夹在中间的佟志不知所措。两边都是自己的挚爱，母亲不能为此妥协，她说若是不能生活下去，那就回到四川老家。孝顺的佟志怎能让自己的母亲独身住在四川老家呢？这样的情节在剧里频繁上演，对当今家庭生活很有现实启示意义。面对中国几千年来奉行的"孝道"，如何在不违背孝道的条件下，合理地解决婆媳矛盾，与一生中的两个女人幸福地生活，一直都是中国家庭的一大难题。或许有人会说，那样的生活状态是不是有些过于理想化了？前面的章节中笔者都倾向于心理学角度，针对该问题，笔者试图更多地站在社会学的角度来进行剖析。

母亲、儿子、媳妇，这样的三角关系，并不是相互独立存在的，但也不是不能缓解的。在笔者看来，这样的问题，也是可以转换的。文丽与自己婆婆的矛盾并不是一直都处于僵持状态的，当文丽生下了第一个儿子时，婆媳之间的矛盾得到了缓解，就当时来看，可以说是一个"短暂的春天"。由于生下了佟家唯一的一个儿子，佟家上下老小无不为之欢喜。全家所有人的心思都转到了小儿子身上，可好景不长，新的矛盾也由那个小儿子引发了。与其说是全家都将心思放在了小儿子身上，还不如说是文丽将所有心思放在了小儿子身上。之前是两个女人为争一个男人引发的冲突，现在便是两个男人为争一个女人引发的矛盾。由于文丽将所有心思都放在了宝贝儿子身上，完全忽略了对丈夫佟志的关心、爱护，甚至说是性爱方面的给予。佟志从厂里拖着疲惫的身躯回到了家里，本想吃口热饭热菜，可让人愤怒的是家里居然没生炉灶，或是菜已凉，饭已尽，最终还得自己为之操手。一次两次倒无所谓，并没有引起佟志的不满，反倒是这样的情况举不胜举，加上小儿子霸占了佟志的床，也就等于长期霸占了他的女人，让他不能过正常的性生活。压抑的他终究有一天是会爆发的，从而下面的情节便是佟志为求发展到三线工作一段时间，夫妻两地分居，佟志遭遇年轻女性情感诱惑，文丽初闻此事，大闹厂党委。

由"俄狄浦斯情结"所导致的失败婚姻案例是多如牛毛，笔者在这里就不一一赘述。倘若你已经身为人母或是人父，或许你也正在面临着那样的问题，你可否认真地思考过你应该如何处理，如何协调三者之间的关系，以至于不让自己的婚姻陷入绝境；倘若你还未曾经历到这一人生阶段，你是否未雨绸缪过呢？当你深陷其中时，你会选择怎样做呢？是一味地逃避还是选择面对呢？希望看到这里的你能够有所思考，相信这会对你的婚姻、你的家庭，乃至你的人生产生至关重要的作用。俗话说："一屋不扫，何以扫天下？"家庭是你人生的起点，也是你收获成功的坚强后盾，没有一个和谐的家庭，没有一个幸福的婚姻，你的人生之路将会是暗淡无光的。

　　每个人心里都有一份"俄狄浦斯情结"，可千万别让这样的情结埋葬了你的婚姻。作为母亲，您不能长久地干涉你孩子的婚姻，毕竟以后常伴你孩子终老的还是他的爱人；作为儿子，你不能一心只偏袒你的母亲，忽略你的妻子或是把你的妻子当成你母亲的替代品，虽说要尽孝，但在这样一个文明的社会里，我们更加需要的是一份理性的孝道，而不是愚昧、封建的孝道，两个女人组成的是你的全部，你心里的那杆秤不能总是偏向一方；作为媳妇，你不能跟你的婆婆争风吃醋，不能只关心自己的孩子，忽略自己的丈夫，两者之间的爱是不一样的爱，不能混为一谈。因此，你应该做到以下方面：保持你稳重、谨慎的特质，在处理矛盾决策时，尽可能考虑更多细节，而非好高骛远，毕竟如今的经济环境，还是适合保守稳健的发展策略；善于倾听，多考虑来自各个方面的建议，多换几个角度观察、思考，会有助于更全面地评估，在规避家庭矛盾的同时，做出最合适的决策；如今的经济形势下，节流远比开源更重要，因此勤俭持家的美德仍该继续保持，这也是和谐婚姻的一部分；成为家庭中的坚实支柱，罗马不是一天建成的，同样也不是一人之力建成的。给家庭成员安全感，激励家庭各个成员都为之奋斗；感情投资是必须的，理性有时比感性更有用处。使你的母亲、妻子信任你、支持你，你将会游刃有余。但你绝对不应该这样做：优柔寡断是解决矛盾最大的敌人，你永远别期望母亲或是妻子来帮你做决定。刚愎自用是弊病，许多"恋母"的独生子身上都会有这样的毛病。多从客观处着眼、从多角度分析，聆听他人意见来印证自己的决策，不但让你少了风险，也让你更有底气。注重细节是好事，但切记物极必反。细节需要从整体出发，本末倒置同样会让你毁于一旦。请一定独立，信赖并不等于依赖。成熟是必需的，别以自己的准则要求他人。切记：己所不欲，勿施于人。

08

别让"俄狄浦斯情结"
敌视你的父亲

在生活当中，我们时常会在朋友、同学、同事之间讨论自己与父母是否健谈的问题，有句话是这样说的："女儿怕母亲，儿子怕父亲。"意思就是说，在一个三口之家或是四口之家里，常常表现为女儿与母亲少言寡语，儿子与父亲无话可谈。有什么样的心里话或是玩笑话，通常是女儿给父亲说，儿子给母亲说。一旦涉及什么严肃的问题，才会跟母亲或是父亲说，与其这样描述，倒不如说是女儿与母亲之间就只有那样的话题，儿子与父亲也只有那样的话题。当然，这样的现象不是绝对地体现在女儿与母亲、儿子与父亲身上，生活中也有例外。包括笔者在内，也是比较畏惧父亲的。日常生活中，与母亲是无话不谈、无话不说，类似一个很要好的朋友一样。倘若与父亲独处一室时，半天憋不出一句话来，顶多只言片语，心里是在苦苦地挖掘话题出来与父亲交谈，但还是无果而终，气氛也十分尴尬。

在我们用弗洛伊德的"俄狄浦斯情结"来解释这样的现象之前，先来回顾一下我们的心理成长历程。中国家庭教育的传统方式是一个唱红脸一个唱白脸，这样的教育方式在中国已经具有了悠久的历史。红脸和白脸本是古装戏中常出现的两种不同性格的任务。在古戏当中，扮演正派老生的被称为红脸，如戏中的林冲、诸葛亮等；相反，扮演奸诈小人的常被称为白脸，如剧里的潘仁美、曹操等。可是，当人们口中谈及红脸和白脸时常常是出现在对事理的纷争或者利益的争夺的情境里。红脸的立场坚定，据理力争；而白脸的态度则是妥协退让，祈求调和。中国传统儒学里讲求的是"以和为贵"，做人追求宽和、大方，切勿虚怀若谷，为小事斤斤计较。中国人做人推崇和谐，寻求的是和气生财。红脸和白脸运用到家庭教育里，目的在于能给孩子一个台阶下。站在那些处于被责备情景下的孩子的角度考虑，他们希望在接受批评的时候能有一个依靠，也就是能拯救他于苦海的人。几乎每个孩子都是在被教育被批评的环境中长大的，孩子的健康成长离不开受教育受批评，但也离不开受鼓励受表扬。因此，在家里的一红一白看似是对立的教育思想，但实则是一种教育孩子的技巧。在中国传统家庭里存在着"严父慈母"的文化观，"严"代表"白脸"，"慈"代表"红脸"。华夏子孙也都是在这种环境中长大的，但站在西方精神分析的角度来分析中国"严父慈母"这一文化观，它其实反映出来的是一种对权威的畏惧。为人首先要有尊卑之分，卑不胜尊，下级不得侵犯上级。我们长期以来都把忠诚、孝顺、服从当作做人的美德，而严教慈养更是成为一种教育的主流趋向。

上述的分析仅仅是从一个现象的表层来进行的，每个人都是生长在不同的环境下的，造成了不同性格的人也是理所当然的。但站在宏观的角度来看，不同性格的人集合成的一个群体里却表现出了共通的性格，那便是"俄狄浦斯情结"。为了能更好地理解为何与父母会出现这样的隔阂，以至于避免对父亲或母亲的仇恨、疏远心理，我们必须要站在弗洛伊德的精神分析的角度，立求防患于未然，创建一个和谐美满的家庭生活。

了解弗洛伊德的人肯定也知道"小汉斯"的个人案例。对小汉斯的恐惧症进行精神分析并非易事，而造成他恐惧症的原因也就在于其严重的"俄狄浦斯情结"。小汉斯的恋母情结源自于母亲对他过度的性刺激，当然这是母亲爱他的表现，加之小汉斯对父亲又爱又恨的错乱情感纠结。小汉斯在他的自体性欲出现的同时表现了明显的对母亲的对象选择及强烈的情感投注。据弗洛伊德解释称，小汉斯的焦虑和恐惧主要是来自于母亲的柔情和父亲的冷漠。小汉斯对父亲的又爱又恨的复杂情感的表现反映在了对两只长颈鹿的幻想之中。有一天晚上，小汉斯幻想在他房间里有一只皱巴巴的长颈鹿和一只大长颈鹿。小汉斯从大长颈鹿那里夺走了那只皱巴巴的长颈鹿，大的那只长颈鹿愤怒地叫唤着，不久便停止了叫唤；然后小汉斯拿皱巴巴的那只长颈鹿当作座椅坐了下来。

经分析，小汉斯每天早上所经历的事情是对两只长颈鹿产生幻想的主要原因。小汉斯习惯清晨一起床就直奔父母的房间，出于天生的母爱，母亲也总是双手相迎儿子的到来，并将其抱上床。但他父亲的态度和他母亲是截然相反的，父亲不愿儿子介入他们夫妻俩的关系中。这样的情景深刻地烙在了小汉斯的意识里，同时在小汉斯心里产生了对父亲的憎恨。因此，在他潜意识里开始抵触父亲，从而也就幻想从大的长颈鹿手里夺走皱巴巴的那只长颈鹿，促使大的那只长颈鹿大声叫唤。母亲也并非全然听从父亲的命令，出于对孩子的怜爱，她会让孩子上床睡觉。反映到其幻想当中，对应的是大长颈鹿停止了叫唤，并且坐在了邹巴巴那只长颈鹿的顶上。弗洛伊德对"坐在顶上"的解释是小汉斯对占有的表述。"不管你怎么叫唤，妈妈始终会把我带到床上去，而且妈妈永远是属于我的。"这是在小汉斯经过千辛万苦冲破父亲的阻力取得胜利后的想法。因此，弗洛伊德分析指出，藏在幻想背后的是小汉斯害怕母亲喜欢父亲而不喜欢他自己。

发生在小汉斯身上的另一个幻想就是小汉斯幻想他和父亲在火车上打碎了窗户，被警察给带走了。弗洛伊德分析这是长颈鹿幻想的一个延续。他知道，社会上是禁止儿子占有母亲的。一旦他与母亲好就属于乱伦，就会被扣上个乱伦的罪名。在这个每次突破禁忌行为的幻想中，他总是和父亲在一起。他以为他的父亲也和他母亲一起做那样被禁止的事情，他以一种打碎窗玻璃的暴力的行动来代替。

由此可以看出，小汉斯惧怕他的父亲，换句话说是因为他十分喜欢母亲。弗洛伊德认为，小汉斯肯定是以为他父亲会因为他喜欢妈妈而生他的气。他对父亲又爱又恨的心理矛盾还表现在他对父亲一个非常不经意的举动上，小汉斯用头撞父亲的腹部。对于这种行为解释，弗洛伊德认为，或许这是小汉斯对父亲产生敌意的一种表现，也或者是他要从该举动中得到惩罚的一种表现。之后，小汉斯又以一种更为清晰的方式来向他父亲重复这样的动作。先是打他父亲的手，紧接着是深情地吻那只手。这是小汉斯对父亲爱的表现，也是他与父亲的斗争，两父子的斗争是为了获取母亲的喜欢；对他父亲先打后吻，以示关心，证明了这一事实的存在。

在后来对小汉斯的分析当中，发现他对父亲的敌意已经在他的无意识里滋生出了取代父亲的愿望。而这个愿望刚好与他发病前的那个夏天有关，即他们一家人去Gmunden度假。因为在度假期间，他的父亲常常会离开他们一段时间，他也便能和妈妈单独相处，由此一来他就取代了他父亲的位置。从先前的希望取代父亲发展到后来的希望父亲死去。

生活中不乏这样的典型例子，只是我们平时根本就没意识到它的存在而已。可就是在这样的无意识状态下，不知道有多少的儿子与父亲之间曾发生过不愉快的事件。拥有"俄狄浦斯情结"是每个孩子都需经历的一个过程，倘若孩子没能成功走出"俄狄浦斯情结"，那它的副作用将常伴一生，极端的发展便是对父亲产生不理解，对父亲产生仇视。这样的后果将导致父亲在对孩子的教育过程中，孩子将视父亲的任何话语和行为为浮云，心里不断对其叛逆，不断累积仇恨，待其愤怒的小宇宙爆发时便是惨痛的结局。

站在社会学的角度，每个儿童在成人之前都需经过社会化过程。在影响儿童社会化的众多因素中，家庭是重要的因素，父母，尤其是父亲对儿童社会化的影响尤为重要。自古以来，都是男主外，女主内。女人在家庭中担负家务的重担，社交往往就显得薄弱，无丰富经验。因此，父亲便成了社会的代表，他以其独特的方式和魅力潜移默化地影响着孩子。父亲在孩子心中肯定或否定的形象对孩子的性格发展至关重要。信任父亲的孩子，自我评价比较积极，自信心强，自我控制力好；仇视父亲的孩子放纵自己，只能通过强制力受到限制。国外一项调查表明：在道德判断和价值定向方面，父母与子女的相关系数是0.55，而教师与学生的相关系数是0.33，两者相差悬殊。在我国的家庭中，母亲是家的代表，父亲是社会的代表，他代表着权力与责任。孩子的道德培养也主要受其父亲的影响。父亲在无形当中对孩子的情感给予了熏陶和引导，通过日常生活和父亲的言传身教，让其孩子形成正确的世界观、人生观。父亲往往也是具备独立、自立、自信、勇敢、果断、有责任感的特征，孩子在与父亲的交往中能不断地学习和模仿。父亲扮演的家庭角色与功能，影响儿童的性别同一性形成。父亲在家庭中所扮演的角色，是别人无法代替的。比如，父亲的男人气质是孩子性格形成的源泉；父亲粗犷的爱，是孩子认识力量的源泉；父亲广阔的视野、丰富的知识，是孩子认知能力发展的源泉；父亲在言谈举止、举手投足间，含蓄地传递着对子女的关爱和影响。父亲常常自觉不自觉地熏陶着他的儿子展现雄伟的气魄和宏大的志向，具有善于拼搏和进取之心，具备刚毅、不畏艰难获取事业成功的雄心壮志；父亲希望自己的女儿具有女性之温柔、贤慧、聪颖的特质，同时他又造就着一个秉性善良、温柔的贤妻良母。研究发现，高度男性化的男孩，其父亲在奖惩的宽容和限制上是果断并具有支配性的。相反，如果父亲在家里是不管事的，而母亲又是一家之主，那么，男孩的性别同一性的形成就会受到严重影响，男孩会表现出更多的女性化特征；而女孩却表现出更多的男性化特征。弗洛伊德曾经指出，孩子眼中的父亲是集纪律、约束力、威严、权力于一身的超人。孩子在成长的过程中，逐渐意识到父亲的权威和影响力，不知不觉对父亲产生既敬又怕的心理，在这一心理的驱使下，孩子去模仿父亲，进而掌握社会的道德行为规范。就这样，儿童按照父亲的要求与社会的期望不断地进行自我强化。随着年龄的增长，他们的性别角色规范开始稳固下来并内化到个体的人格结构中，成为个体形成各种社会观念和价值体系中的一个重要组成部分。

父亲对孩子的成长是如此的重要，不可代替。因此，如何让孩子走出"俄狄浦斯情结"，对孩子、对父母都是不可忽视的。"俄狄浦斯情结"是心理学上公认的心理现象，是人成长过程中的一个必经的心理阶段。它是男孩在其成长过程中的某个阶段（一般是在哺乳阶段），在潜意识里有一种把母亲占有为爱人，而把父亲作为竞争对象的心理，因为父亲总是拥有他的母亲，所以他有排除父亲而占有母亲的一种本能欲望。在他逐渐懂事以后，"俄狄浦斯情结"是一种最基本的人际关系，也是最早发生的人际关系。长大以后的各种人际关系比较复杂，男性对于女性难免怀有恐惧之心，在恐惧的支配下，他们常常不知应如何跟女性保持适度的来往，但是，当他们逐渐成长为男人后，心里的"俄狄浦斯情结"就会慢慢淡化，如果得到及时的心理暗示，或得到专家引导，他们很快就能克服这些心理，消除"俄狄浦斯情结"。这对人的成长是极其重要的。一旦孩子出现了恋母嫉父现象，家长应该让孩子对性有更多的了解，要知道男女有别；母亲还应该让孩子更多地进入社会天地，在人际活动中感受到更广泛的温暖。俗话说：男大避母，女大避父。这对形成健康的儿童心理有启迪作用。孩子在成长过程中，与父母的情感是不可分割的，但他的行为逐渐走向独立。所以母亲，尤其是单亲家庭的母亲，应该让儿子多与父辈或与其他男性接触，让他逐渐成为一个男子汉。比如让孩子同其他亲人多接触，培养他对其他亲人的感情。为孩子在亲戚和邻居中找几个小伙伴，培养他对小伙伴的友好感情。母亲也应该尽量避免身体的裸露，与男孩的拥抱、亲吻都应该有所节制，使母子之间有一定的自由空间；不经常对孩子做各种像对婴儿那样的亲昵动作，如亲吻、拥抱，过多地抚摸其身体等。不必过多地限制孩子自由玩耍，束缚孩子的手脚。在家庭生活中，要让孩子较早地分床睡觉，养成自立的习惯。也不要让孩子的着装打扮与性别不适。让孩子多同各种人接触，树立独立自主性，培养广泛的爱好。这样，才利于孩童时期"俄狄浦斯情结"的消除，才有利于人的健康成长与发展。

09

孩子早恋是对
"俄狄浦斯情结"的转移

"早恋"这个词相信我们都已经不再陌生,它早已不是当今现实生活、网络社会中流行的一个关键词了。"早恋"在其字面上就已经形成了对孩子的一种遏制力量。尽管早恋这样的问题已经老生常谈,其渊源有些久远,但我们不能不说,早恋至今也没有得到很好的处理。特别是家长朋友们一旦发现自己的孩子早恋,他们也没能更好地、合理地处理孩子早恋的问题,通常都是将这样的事件极端化。记得在我们的年代,只要一出现早恋,家长是绝对地打压,并且是各种打压,无论采取何种方式、手段。可结果往往又如何呢?孩子听话了吗?孩子终止早恋了吗?答案是:没有!家长的打压、遏制不是将孩子的恋爱苗头掐死在襁褓里,而是助长了孩子恋爱的决心,可以说是"野火烧不尽,春风吹又生"家长朋友们遇到孩子们的早恋问题并没有按照科学的方式去处理,他们连孩子为什么会早恋都不清楚,完全随社会大流挥起手中的"大棒",实行"大棒政策"。之所以家长们会感性地去对待孩子的早恋问题,而不是理性地对待,最根本的原因,笔者认为还是受长久以来"望子成龙,望女成凤"的思想影响,这样的思想束缚了家长们的理性思维。在这里,笔者将借助弗洛伊德的精神分析学对孩子的早恋现象做进一步的分析。

什么是早恋?早恋有什么样的特征?引发早恋的原因是什么?早恋的孩子都具有什么样的心理状态?早恋跟"俄狄浦斯情结"又有什么样的联系?这

些都是我们要在这里解决的疑问。

　　早恋，也叫作青春期恋爱，指的是未成年男女建立恋爱关系或对异性感兴趣、痴情或暗恋的一种行为状态。在中国，"早恋"一词带有长辈一方的否定性感情色彩，一般指18岁以下的青少年之间发生的爱情，特别是以在校的中小学生为主。经过20年在中国的调查表明，在中学阶段没有发生过感情的人很少，而大多数人都是暗恋、单恋（单相思）。只有相互有好感，才能发展成为早恋。早恋行为是青少年在性生理发育的基础上，也是心理转化为行为的实践。一些家长一听说自己的孩子喜欢上谁，就心急如焚，不知如何是好。早恋，顾名思义，就是过早地恋爱。什么叫恋爱呢？难道是暗恋吗？不对，是有过告白的行为（情书、直接告白之类的方式）的人。严格来说，是男女双方都向对方告白，才能称之为恋爱。如果没有过告白行为，就不能称之为恋爱，也就更不能称之为早恋。"暗恋"只是欣赏某个异性，并没有多少真爱，家长们请放心，"暗恋"所积累的感情不会太重，一般不会影响学习。如果有人用"暗恋"中带有"恋"字来反驳笔者，笔者想告诉你，"鲸鱼"中也带有"鱼"字，可它却是哺乳动物。只有做了告白行为（情书、直接告白等）才能算作恋爱，算作恋爱之后，才能根据年龄判断是否早恋。一般人认为早恋会带来很多问题，如影响青少年的身心健康和学业成绩等，尤其对女孩更为明显突出，但一般不会有太严重的影响。早恋常常以失败告终，很少有出现早恋能够终身厮守的。亦有人认为早恋是青少年对男女关系的探索和学习，为将来的恋爱与婚姻做准备，不宜过分禁止或压抑。

　　就其早恋的特征而言，首先，处于早恋的孩子对于早恋发展的结局并不明确，他们仅仅是渴望与异性单独接触，而对未来家庭的组建、处理恋爱和学业之间关系、区别友谊和爱情等问题都缺乏明确的认识。其次，他们内心其实充满了矛盾，既想和自己喜欢的异性接触，又害怕被父母发现。可以说在早恋的过程中愉快和痛苦是并存的。对于暗恋的早恋者而言，心里还会为到底要不要向爱慕者坦露心声而纠结。最后，每个孩子的早恋行为还存在明显的异同。在行为方式上具备隐蔽性，他们往往是通过书信、网络或者电话等方式来传递感情，进行私下沟通和感情交流，这样一来便不易被家长和老师所发现，当然也有将他们的关系公开的，并且在许多场合出双入对。大多数早恋者更多的是进行感情交流或者一起玩耍。从人际关系上看，一般不会逾越正常朋友关系的界线，过激的行为也不会发生，但也有部分早恋者的关系发展得很深，除了感情交流外，会伴有性关系的发生。在年龄的喜好上，女孩通常不会选择姐弟恋，她们比较倾向于喜欢比自己年龄大、比较成熟的男孩，刚好男孩的标准也没有与女孩的标准产生矛盾，男孩也偏向于与比自己年龄小的女孩交往，这样才能在交往中体现自己阳刚的一面。有心理学家认为，当男女在年龄相差无几时，一般女孩会采取主动，但从事实上看，采取主动的男孩要多于女孩。

　　造成孩子早恋现象的原因究竟是什么？社会各界人士给出了各种各样的解释。有人认为是异性之间的爱慕，或者是异性之间的好奇心；有人认为早恋现象是孩子随大众、跟潮流的表现，他们模仿社会、影视作品上描述的行为；也有人认为由于在学习生活中遭受挫折，是自己自尊遭到损害，为达到发泄目的，往往会找异性交往，在其中忘掉痛苦，以谋求补偿。而现今给予更多解释的是从生理角度展开讨论，孩子心理早熟现象造成早恋现象已经变成一种流行的说法，说是在当代社会，营养条件优越，容易造成的营养过剩和食物中含有的性激素的作用或各种特殊生理疾病、家庭遗传等因素，容易造成青少年心理早熟，甚至是性变态心理。面对早恋问题，大家各抒己见，畅所欲言，这不是一件什么坏事，他们是站在不同的视角对这种现象进行剖析。针对社会中各种各样的说法，笔者不做正确与否的评判。笔者更多的是想尝试从弗洛伊德的"俄狄浦斯情结"这一角度出发，对孩子的早恋现象进行心理和生理上的分析。

　　笔者曾在网络上看到了这样一个词：皮肤饥饿。这样的词条顿时吸引了笔者的眼球，在笔者看来，"皮肤饥饿"相比于"俄狄浦斯情结"更具有直观明了的特点。那么，什么是"皮肤饥饿"呢？"皮肤饥饿"在医学界是很出名的说法，但在教育界却经常被忽略。人的一生当中有三大"皮肤饥饿"期，即婴儿期、青春期、更年期。婴儿期，孩子如果能够经常被大人抚摸，日后一定更聪明；更年期正是因为缺少这种关爱，才表现出烦躁易怒；青春期的孩子有两面性，一半是儿童一半是成人，而父母往往只看到孩子渴望成人的一面，忽略了他们依然存在着孩子的心理，他们其实希望得到父母的一个拥抱和更多的关爱。当然"皮肤饥饿"在医学界是被定义为一种病症，叫作"皮肤饥饿症"。科学研究得出这样一个结论：相比变温动物，所有的恒温动物一生下来就有被触摸的需求。假如这样的需求被无情地剥夺了，它就会丧失欲望，从而延缓自身的生长，智力发展低下，并会产生不正常的行为方式。调查统计表明，常常被抱在怀里的婴幼儿能够得到被触摸的满足，因而啼哭较少、睡眠较好、体重增加比较快、抵抗力较强，智力发育也明显提前。相反，处于"皮肤饥饿"状态的婴幼儿会伴有食欲不佳、智力发育缓慢和行为不正常等症状，具体表现为吃手指、咬玩具、啼哭不止，更有甚者将身体乱撞。但是，当今社会里部分年轻父母以忙于工作、生活紧张为由，把孩子交由老人看管，以为这样就减轻了负担，同时也为自己的事业打拼赢得了时间，殊不知，这种做法实际上对孩子的成长是有弊无利的。再者，不听话的孩子经常会受到来自父母的打骂，最为频繁的就是打屁股。而平时很少得到父母抚摸的孩子本身就易产生孤独感，而打屁股成了他仅有的皮肤接触途径，由此便热衷于推、拉、撞，甚至打架闹事，对周围世界产生敌意。也有不少家庭，婴幼儿能够得到父母频繁的抚摸和拥抱，但当孩子长大进入中学以后，会碍于性别因素，这样的本能需求就会受到抑制。而只有当孩子生病时，才能获取被父母抚摸安慰的机会。有人曾借用了"皮肤饥饿"对孩子早恋现象说了一句十分调侃的话："因为你不抱自己的孩子了，那孩子就只好去找别人抱了！"

在这里，我们不能完全借鉴"皮肤饥饿"理论来解释孩子的早恋现象，但我们可以从中提炼出对孩子早恋的一种解释。其解释终结是和弗洛伊德的性本能相吻合的。弗洛伊德认为性本能是普遍存在于每个人的无意识当中的，每个人都有性欲，当然也就包括处于发育阶段的青少年了。他们都要完成自己的性欲才能长大，这是他的快感，他有正常快感的获得方法，不管是对身体的愉悦，还是对精神的愉悦，人活着有快乐才会活下来，不然的话他活着就没有动力了。所以，我们并不认为一个十六到十八岁的女孩、男孩喜欢上异性就不好。这在西方是被倡导的，甚至很多书上会提倡青梅竹马的交往，让孩子从小就跟异性交往，因为从小跟异性交往，他的很多情绪情感会得到补偿。这就不难解释为什么说孩子早恋是"俄狄浦斯情结"的转移了。"俄狄浦斯情结"说得严重些是一种病态，我们不能说每个人都患有这样的病症，但我们无法否定的是每个人在心里都会有"俄狄浦斯情结"，每个人都对自己的父母有所依赖，只是随着时间的流逝，自身年龄的增长，这样的情结渐渐淡化，没有衍生为一种病态而已。孩子一出生接触的第一个异性对象就是自己的母亲，在他们能独立行走前，每时每刻都在母亲的怀里，身体的接触过程便是孩子性欲的成长过程。当孩子能独立行走时，便渐渐进入了学时阶段，他们开始远离父母的身体爱抚，更多的是融入了自己的孩子圈，加之父母都会在无意识条件下去遵循"男大避母，女大避父"的原则，比如说让孩子自己洗澡、自己睡一张床等，这样的结果使孩子与父母之间有了身体的隔离。孩子的性欲成长阶段进入了另一个环境当中。

当男孩处于儿童时期时，他们渴求与异性玩耍的欲望不亚于与同性的玩耍欲望；处于少年阶段时，为了能跟异性在一块儿玩，他会跟其他男孩子竞争，别人玩的他也要玩，女孩子玩什么男孩子也玩什么；到了十五六岁，男孩开始对异性产生朦胧的好感，心中带有快乐的、密切的甚至性色彩的情感，需要跟异性完成。如果男孩是这样成长起来的，那么就不会做出什么事来，他会按照年龄来完成那些属于性趋向发展的任务。女孩的性趋向发展则是这样的：在两岁的时候开始意识到自己是个女孩；到十五岁时开始学会自我打扮；到十七岁时，基本在装饰、修饰上已经有了女孩的整体风格，对男生也产生了一定的爱慕之情，并且能够自我判断究竟喜欢或者不喜欢什么类型的男孩。但我们假设有这样一个女孩，她从小都没有和男孩在一起玩过，从小就受到父母的全身心保护，几乎没有跟男孩交往的机会。当她十七八岁时，情况会是怎样的呢？这个年龄段的她在心里会产生和异性的欲望，但从小就没和异性打过交道的她肯定会为此事感到很矛盾，觉得自己怎么可能会有和异性交往的欲望，内心充满了羞耻感。大部分的人会犯这样一种错误，从小在家庭、社会的影响下，自己也视早恋为洪水猛兽。加之自己的无知，就会误认为心里喜欢一个异性就是一种错误。拥有这样心理的孩子占大多数，本不想为此而影响到学习成绩，谁知自己还是如当初所想的一样受到了影响。但有这样的心理完全是正常的，因为这就是一个孩子心理的自我构建过程。当我们发现自己的孩子对异性产生了好感，我们应该为之庆幸，因为孩子正在往健康心理发展。

西方社会的教育观点与中国家庭是截然不同的，西方社会认为促使孩子早熟或是刻意地暗示孩子去做什么样的事情等是科学的教育方式；而站在中国家庭的角度，他们不会这样认为。他们既不鼓励孩子早熟，也不去横加阻挠孩子的早熟行为，而是从侧面委婉、平和地去引导孩子认识问题，并且会说诸如此类的话语："儿子，你开始喜欢女生了，爸爸妈妈都为你感到高兴，但是我们还不确定你是否能够处理好这样的感情？"如果父母拥有与孩子交谈的态度，而不是强行阻止，那么孩子也就十分情愿地与之交谈，这样事情也就迎刃而解了。在与孩子的交流过程中，父母可以引导孩子应该做什么，不应该做什么，并且在心灵上安慰孩子、鼓励孩子。也可以为孩子提供辨别是非观的标准，从而防止孩子误入歧途。总而言之，可以跟孩子讨论，但父母不能专政，不能强行把他关在家里、让他写保证书等。有些家长让孩子写保证书，保证不跟异性来往，会激发孩子的反叛心理，孩子一旦被激怒，在行为上就容易失控，结果反而更糟。

为了能避免孩子出现早恋现象，家长首先应该做到父母之间的问题父母自己解决，不要给孩子造成压力。其次，父母要做的是努力和孩子成为知心朋友，因为孩子心灵的成长需要父母的关注，要明白，孩子的健康心理比优异成绩更重要。最后，倘若孩子早恋了，父母不应该一味地指责孩子或者强行拆散他们，需要做的是想想自己有哪些地方没有做好，导致孩子缺乏对家的安全感，以至于到外面去寻求温暖？如果父母能够站在这样的角度思考孩子的早恋问题，那么将有助于父母更加了解孩子，有助于理性地处理好孩子早恋的问题。

10
别给孩子注入
"歇斯底里"性格

相信知道弗洛伊德的朋友肯定也知道他的性格是什么样的，没错，他的性格就是歇斯底里的性格。也就是说，他易受暗示、强烈的自我中心需要、情感极端化和富于幻想，这一性格的无意识与其人生经历是密不可分的。歇斯底里性格属于焦虑型性格，在某种环境气氛或情感的基础上，易于接受外界的影响和观念，对自身感觉或某种观念无条件地接受；需要处处吸引他人的注意，以求获得别人的重视和同情；个体行为方式受情感支配，易感情用事；富于幻想，常伴有多重性格。这样的性格特征在弗洛伊德身上表现得淋漓尽致，因此也就造就了其学术思想的独特性。

我们或许曾经都有过这样的经历，儿时，某算命先生就给我们自己算了一卦（在这里我们暂且不对算命先生的行为进行任何评定）。算命先生说："通过你的生辰八字和五行八卦可以预测，未来的你将会是一名国家总理、科学家或是企业老板，前途是一片光明啊！"在当今，算命先生的话或许就只有愚昧的人才能去相信了，特别是那些信仰迷信的人。他们相信算命先生所谓的命运之说，但在我们看来，这样的行为也就值得我们茶余饭后当作笑料罢了。可殊不知，算命先生的一番话却给弗洛伊德的歇斯底里性格的形成埋下了深深的伏笔。

算命先生的命运之说，在弗洛伊德身上我们叫作"伟人"暗示。弗洛伊德一出生便有人暗示他长大成人后会是一个伟大的人物，给他暗示的正是迎接他降临的那位医生。"一传一，十传百"，弗洛伊德成为伟人的消息传遍了整个弗莱堡。亲戚朋友也闻讯而来，为弗洛伊德的父母道喜。可以说如此大规模的伟人暗示就这样深深地内化到弗洛伊德的自我意识中了。在弗洛伊德2岁的时候，一次尿床遭到了父亲的责备，弗洛伊德出奇地回答道："爸爸，你也别着急，我去市中心买一套又新又漂亮的床回来赔你就是了。"再一次，弗洛伊德弄坏了一把椅子，他反倒安慰他母亲，说是长大以后买一把新椅子赔偿。9岁时，梯也尔擦军靴的事（梯也尔的《督政府和帝国》）激发了他成为伟人的梦想。从那以后，他开始有了心中崇拜的人物，如拿破仑、汉尼拔、克伦威尔等人。弗洛伊德曾对自己的未婚妻玛莎说："我这人性格倔强，敢于冒险。一旦有了好的机会，我会不顾一切地去争取，即便对那些小心谨慎的人认为过于冒险的事我也毫不退缩。在我身上你是找不到普通小市民那种谨小慎微的作风的。"就这样，弗洛伊德慢慢地形成了自己的"伟人"人生观。他一生中都充满着伟人意识，这样的伟人意识与犹太民族历史及其家庭经历产生了严重的冲突。他相信自己，相信自己能够与环境做伟人般的斗争。弗洛伊德在中学时代说道："在学校里，我就是一个大胆的反对派，我总觉得自己处在极端需要自卫的地位，我是不惜为之付出代价的。因此，当我争得第一名时，我一连几年保住它，从而赢得人们的信任，再也无人对我抱怨。"弗洛伊德时常表现出对自身感觉或某种观念无条件接受。众所周知，身为犹太人的弗洛伊德十分崇尚宗教，在他的观点中必然带有很强烈的宗教色彩。对于他的性本能理论，并非所有人都认同，其中也包括荣格。荣格当时对该理论是持怀疑态度的，但弗洛伊德对荣格说："我亲爱的荣格，请答应我绝不要放弃性欲理论。这是最本质的事情。瞧，我们必须使它成为一个信条，一道不可动摇的防线。"除了在学术上时常体现他的伟人意识外，弗洛伊德在为人处世方面也是表现得淋漓尽致。在维也纳从医的时候，弗洛伊德就表现出了狂妄的态度："我旁边那群愚蠢的医生正在费尽心思测试一种更为愚蠢的药膏，看它是否含有害物质。但是正在此时，旁边一个蠢笨透顶的医生打断了我的思绪，硬要和我讨论有关汞盐的问题。愿上帝惩罚他的无趣！"在弗洛伊德的后期思想中，他曾说："我发现，人类总的说来无善可言。根据我的经验，大多数人都是废物——无论他们是否同意这条或那条道德信条或全然不信。"这种无视人类存在的傲慢态度又何尝不是伟人的自我暗示呢？

弗洛伊德的伟人人生观，说明了他性格中与生俱来的暗示性。而歇斯底里性格的另一特征：自我中心需要，无疑也在弗洛伊德身上得到了完全的展示。弗洛伊德在读中学时就已经明显地表现出了自我为中心的蛮横。他成为家中的"国宝级人物"，是重点保护、重点培养的对象。家里仅有的房间提供给他做书房兼卧室；家里其他人用蜡烛照明，唯有在他的房里使用煤油灯；为了给他营造安静的居家环境，本该要练习钢琴的大妹妹也因此终止了练习。对自我为中心的人来说，生病是获得心理满足的最佳机会。弗洛伊德在1882年8月的一次生病中执意不去看医生，但同时受到了埃利的责骂，说他"只会给家里增加负担"。他在给妻子的信中辩解道："我只想全身心地感受，也让你感受到我们之间真挚的爱，感受到我们总是在尽可能地努力适应对方，让对方感到幸福。"

与其他歇斯底里性格者一样，弗洛伊德的自我中心需要的无意识也表现出了专横的一面，当然，他对自己的专横也很明白。他曾经说："当然我也承认自己的血脉里有一种专横的天性，而且这种毛病极难克服。"他的专横在家里是得到保障的。年少时，母亲无条件地满足他的愿望；等到他拥有女儿后，也得到了女儿的孝顺。但他这样的性格在社会上是不被接纳的。在德累斯顿和里萨之间的一次旅途中就发生过类似的事。他在给妻子玛莎的信中做了详细的描述："事情的原委是这样的，你知道，我坐车时总是喜欢打开窗户，呼吸新鲜空气，在火车上更是如此。当时我打开了一扇窗户，把头伸出去想多呼吸一会儿。突然有人叫嚷着要我关上窗户，因为他那里是迎风的一边。我对他说，除非打开对面某处的窗户，否则我就不会关上这扇窗户。在整个长长的车厢里只有我一个人打开了一扇窗户。"弗洛伊德不把他人放在眼里的举动引发了同车厢人的不满，可以说是引发了或大或小的种族矛盾。"一个犹太人，真讨厌。"——这句话让整个局势陷入了僵局，引发了弗洛伊德的严重不满。在弗洛伊德眼里，说这种话的人必然是一个反犹太主义者。那个反犹太主义者又紧接着说："我们基督徒是为大家着想的，你那可爱的自我必须服从我们这个集体。"另外一个人对弗洛伊德可没有那么客气，上来就是破口乱骂，并且比画着很多粗鲁的动作。面对其他乘客的指责，弗洛伊德是毫不惧怕，直接就冲着那家伙大声嚷道："不服的话可以过来，要想与我决斗，还差点儿呢！"凭借他的蛮横，其他人也不敢再声张什么，事态也得到了平息。但通过这次事件，我们可以看出，弗洛伊德不仅没有意识到自己的错误，反而为自己的胜利感到十分得意。

从上面我们可以看出，歇斯底里性格的自我中心需要倘若是没有得到满足，那么弗洛伊德便会产生强烈的焦虑感。过度强调自身在一个群体里的重要性，其本质在于对他人的占有欲，全身心地灌注于操控他人，所有人都要听从我的指挥。

有人可能会为此而提出疑问，难道真的是当初的那位接生医生的一番话给弗洛伊德注入了这样一种性格吗？答案是否定的！仅仅是接生医生的一番话就造就了弗洛伊德的歇斯底里性格，这样的论断是片面的、不科学的。在笔者看来，其根源完全在于其父母。父母是造就弗洛伊德歇斯底里性格的罪魁祸首。弗洛伊德也曾多次强调了母亲对于他的意义，但同时也表现出了他对父亲的恨。他的母亲一辈子都将他叫作"我金子般的西吉"，将他当作家中的特殊成员，用句中国的俗话，弗洛伊德就是家中的"国宝"级人物，母亲手中的宝。为此，弗洛伊德在母亲那边得到了心理上最大的满足感，自然与母亲的关系是好上加好，与父亲的关系却是另一个极端。他对父亲是爱恨交加，其父亲雅可布是一个心地善良又乐于助人的犹太人，同样对儿子寄予极大的期望。但相比而言批评较多，甚至有些强势，时常的批评给弗洛伊德留下的是沉痛的打击。母亲、父亲两种截然不同的态度，形成了两个极端——非友即敌。这也不仅仅体现在他与父母之间，同样在他的生活圈中也是如此。

当然，我们不能一味地批评弗洛伊德的歇斯底里性格，毕竟若是没有他这样的性格，也就不会有如今的精神分析学说，也就没有现今心理学的稳步发展。通过对弗洛伊德歇斯底里性格的了解，只想提醒各位家长朋友认识到应该如何教育孩子。

现在就让我们回到现代家庭教育中来。所有的孩子都需要父母的爱，这是毋庸置疑的。可偏偏差错出在爱与被爱当中。父母的爱是没有错的，只是我们的爱被蒙上了眼睛。我们不知道，当我们以爱的名义替孩子做出选择时，孩子感受到的是无奈；我们不知道，当我们以爱的名义修正孩子的成长轨迹时，孩子心里产生的是叛逆；我们更不知道，当我们以爱的名义关注着孩子的全部时，孩子希望的是能有个空间独享。其实我们都知道，绝大多数的父母都是爱自己的孩子，只不过有时候用的方式、方法或者在语言方面不是很合适，这就会造成一些严重的后果。在《庄子》的《应帝王》篇有这么一个故事：南海的帝王叫儵，北海的帝王叫忽。（大地）中心的帝王叫混沌。儵和忽经常在混沌的地盘相遇，混沌对他们很好。儵和忽商量要报答混沌的恩德，就说："人都有七窍（眼二、耳二、鼻孔二、口）用来看、听、吃饭、呼吸，唯独混沌没有，让我们试着帮他凿出（七窍）来。于是他们每天给混沌凿一窍，凿了七天后，混沌就死了。由此可见，当我们自认为这是最好的时候，别人不一定也认为是最好的。同样的道理，当在教育孩子时，父母可不要将自己的意愿强加到孩子身上，父母想要的并不一定是孩子想要的。只有在充分了解了孩子的前提下，才能正确地教导孩子，否则也仅是徒劳。

父母爱孩子应该有正确的方式。心理学家研究表明：3岁以后的孩子，已经对环境有很强的反应和学习适应能力。他们能够独立判断父母给予的爱，并且会主动迎合。父母对孩子所表现出来的爱也在潜移默化地教育着孩子。所以，在这样的情况下，父母应该选择适度给予孩子关爱。

有这样一群父母，他们把对孩子的关爱同孩子的健康成长联系在一起。也就是说，在他们给予孩子关爱之前会考虑这种关爱方式对孩子的成长是否有利，在教育孩子方面他们不会盲从。比如说在饮食方面，不对孩子娇生惯养，孩子想吃什么就吃什么，不想吃什么就可以不吃。他们要求孩子按时进餐，以保证身体所需营养的摄取，而不是养成挑食的坏毛病。在穿着方面，不会为了追求时髦而给孩子购买不适合孩子年龄段的衣服，遵循的准则是只要孩子穿上去干净、整洁、舒适，但也不失美观就行。在处世方面，让孩子养成独立行走的习惯，而不是走哪都抱在怀里或背在背上；让孩子自行穿衣、独自睡觉、自己吃饭、按时睡觉、按时起床，绝不养成懒散的习惯。当然，孩子都是有惰性的，父母这些要求并不会绝对地顺从，有些孩子也会为之表示反抗。出现这样的情况，拥有科学教育观的父母不会通过物质奖励来激励孩子去做，而是会通过精神鼓励法来正确引导。当孩子按要求做了，就以微笑或是抚摸以示满意。对孩子在各方面的奢求，会采取婉言拒绝，绝不滋长孩子好高骛远的心态。就算孩子受了点外伤，生了小病，也不露出过分的惊奇，而是采取相应的医疗措施，表现出对孩子的疼爱、关心。而当孩子犯了错误，他们不会因此对孩子表现出不喜爱，只是会用自己的爱表示出对错误不容许，只要知错能改也照样喜欢。这种通过心灵的鼓励与关爱比在物质上的过多给予或满足更加容易促使孩子健康成长。

相反，也有另外一群父母，这群父母将自己的爱毫无保留、毫无限度地倾注给孩子。在吃、穿、住、行等方面全面给予满足。孩子想吃什么就吃什么，想穿什么衣服就穿什么衣服，想发脾气就发脾气，一味地娇生惯养，一味地满足孩子的各种要求。以为这样的爱就是孩子真正需要的，以为不满足孩子的要求孩子就无法健康成长。长此以往，孩子养成的是"衣来伸手，饭来张口"的习惯，享受着"皇帝"级待遇。但他们可否想过，一旦孩子失去了他们的庇护之后，孩子能否在社会中立足，甚至说能否在社会中生存。"物竞天择，适者生存。"从小就生长在没有任何坎坷的环境里，一旦到了艰苦的地方或是受到什么挫折，孩子是否能够承受？这样的关爱方式造就的只是一个胆小、脆弱、傲慢、自我、任性的性格。

因此，不同的关爱方式塑造的就是不同性格的孩子。"文武之道，一张一弛"，凡事都讲求一个度，父母关爱孩子同样也要适度，这对孩子的健康成长和良好道德品质的培养具有十分重要的作用。

11

放下占有欲，褪掉
"处女情结"，平等相爱

男人到底爱女人什么？女人到底有什么地方值得男人去珍惜？这个世界上到底有几个男人作为处男而不在乎自己的女友、未来的妻子是不是处女？男人爱处女，这是毋庸置疑的，可男人为何如此偏爱处女呢？他们到底爱的是什么？在大多数男人眼里，爱一个女人就是爱一个处女。因此，当一个女人问到男人究竟爱她什么的时候，男人会在心里暗自地说，因为你是处女。相反，如果这个女人不再是处女，男人还会再爱吗？或者说当一对男女结婚后，突然发现老婆早就不是处女了，又会有什么样的结局发生呢？其实，男人爱处女已经不是男人本身所谓的那种爱了，而是一种"处女情结"的体现。在我们看来，只有处女才会为第一次约会而亢奋，为第一次拉手而害羞，为第一次接吻而心跳加速，为第一次爱的抚摸而左顾右盼，为第一次拥有男人肩膀的倚靠而略显含蓄，为第一次结婚而既渴望又胆怯，为第一次和男人同床共枕而含情脉脉。无数的第一次深深地吸引着男人的眼球，同时也吸引着女人的不断触及。正是因为这些第一次，男人才会对处女情有独钟。

那么到底什么是处女情结呢？处女，指未有过性交经历的女人，处女情结是一种近乎本能的内在情感，指男子心中总是希望自己的伴侣没有跟别的男子发生过性关系的一种思想。大多数的男人都拥有处女情结，并且往往将女人的忠贞与是否是处女紧密联系在一起，因为对一个男人来说，老婆不遵守妇道是对自我尊严的抹杀。这纯属是拥有处女情结的男人性本能占有欲的完美体现，他们绝不允许女人心里藏着另外一个人或者先前与其他男人发生过性关系。拥有一个女人就要完全占有她，女人无论是在身体还是心理上的改变都只能是因为他，因为他们觉得拥有这个女人的男人才有权利去改变她，而不是别人。相反，女人期望自己所爱的男人是最后一个，因为她们觉得男人都是喜新厌旧的动物。有爱情信念的人都有处女情结，而有处女情结的人不一定有爱情信念。什么是真正的爱情？什么样的爱情才能天长地久？或许我们经常会对爱人说，"你是亚当，我是夏娃""你是风儿，我是沙""你就是我的天使"诸如此类的甜言蜜语。我们也常常认为这些就是爱情的精神食粮，但这显然不仅仅停留在精神层面上，同样也有肉体需求的表达。只有意识与现实结合，并在生活中植根的爱情，才是真正的爱情，这样的爱情才能天长地久。

有人会心存疑惑，为什么存在"处女情结"呢？究竟是什么样的原因造成男人对女人拥有如此强烈的占有欲呢？众所周知，人类婚姻的形成经历了一个相当漫长的岁月，从原始社会的性杂交到文明社会的一夫一妻制。回顾这样一段历史，我们也不难发现，导致人们想全部占有一个女人的愿望源自一夫一妻制的形成与实行。一夫一妻制不仅仅是要求男人和女人一生中只能拥有一个伴侣，它更是要求人们在结婚前后都保持对性、对爱情的忠贞。在结婚前，允许谈恋爱，但道德伦理绝不允许婚前性行为；在结婚后，对自身的要求就更为严格，婚外情这样的事情是绝对不允许发生的。

有了这样的认识，对于人们所拥有的处女情结也就不足为奇了。人们普遍看重处女，这种态度并非是无稽之谈。大家知道，无论是家庭教育还是社会环境，都会对人们造成一定的阻力，使少女们时时提醒自己不去与男子发生关系，这就使她们对爱欲的渴望受到阻止。所以一旦她们选择了结婚，就是终身的托付，对他信誓旦旦，也就不会与其他男人有爱情了。由婚前的长期孤寂所造成的女人的这种"臣服"态度，十分有利于男人放纵地永远占有她，使她在婚后能抗拒外来的新印象和新诱惑。

自古以来，男人一直设法去占有女人，控制女人。伟大的《创世纪》说道，上帝在缔造了各式各样的生物后，按照自己的相貌，用灰土捏造了一个人形，之后对着这个人形哈了一口气。上帝用灰土捏造的人形便有了灵气，并且拥有男人的气质，又将其称为亚当。为了给亚当寻找一个伴儿，上帝在他熟睡后，从他胸部取了一根肋骨，制成了一个女人，取名夏娃，并让他俩成为一体，繁衍后代。尽管这只是神话的解说，但无疑体现出了当时创造神话的人的思想，即女人是从属于男人的。从前农村社会或在落后地区，由于女人劳动力低，一向被留在家中，从事卑微的工作。她们没有受教育的机会，社会地位和经济价值都极其低微。即使在21世纪的今天，落后的地方仍然存在用女人与牲口进行交换的现象。女人一直忍受着被欺辱、被殴打的痛苦。在今天，在非洲和亚洲的某些地方，存在一种仪式，那就是对女子实施割礼。他们把年幼女孩的会阴及阴唇缝合起来，仅留一个小孔隙让经血溢出。待到这些女孩长大成人入洞房时，阴唇由丈夫剪开。会阴处只有等到孩子出生时才被割开，之后又再被缝合。这种惨无人道的缝合——拆割——再缝合行为，在当地人看来，只是为了保证女子婚前和婚后的贞洁！

由此可见，男人的处女情结是如此的根深蒂固。一切根源都始于男人对女人占有欲的霸道思想。在寻求处女的男人内心深处，除了对青春少女的憧憬之外，隐藏着渴望将自己喜爱的女人按自己的意愿来摆布的想法。具体地说，这包含了男人的一种期待："如果能和还是处女的女人交往，那么，她不就能像自己设想的那样在性方面成熟起来吗？"这反映了男人将女人视为玩物的雄性心态。说玩物或许过分，但男人希望自己处于支配地位的这种想法，确实是不可否认的。

"处女情结"反映了男性心里三类潜意识：一是缺乏自信。他潜意识里担心自己不够强大，成为战败者，因此拒绝被比较。当恋人有其他男性的性经验时，性爱作比较的潜在危险就笼罩着他们，成为巨大的压力。男人在性方面忌讳的是被女友拿来同她以前的男朋友做对比，而这一点又体现出了男人在性方面的自卑。之所以这样，原因在于男人的情绪时常会影响着他的性行为，并随其精神状况波动不定。男人在性行为当中在乎的更多的是女人的感受和对他的评价，而不是高潮的那瞬间快感。因此，当男人在性行为上不够自信时，易产生些许疑惑，心中纠结是否女友会认为他不如先前男友的能力，又或者是她会不会认为他在这方面缺乏经验而显笨拙。带着这样的疑问，男人的精神无法完全集中，从而影响着当前或是以后性行为的质量。男人无论在什么方面都好面子，倘若连男人最为基本的能力都得到怀疑，那颜面何存啊！相反，如果女友是个处女，则在她心中没有一定的衡量标准，就算是男友失败了也无关紧要，因为在这样的情况下，男人可以选择任何一个理由将她搪塞过去。因此，就男人而言，追求纯洁的处女性的心理背后，实际上还隐藏着男人性方面的不安感和幼稚性，不能简单地将处女情结等同于对纯情的向往。

　　二是恐惧、缺乏安全感。伴侣身上如果有另外一个男人的性烙印，她恐怕早已是别人的私有财产。杜绝这些可能性才是安全的，占有恋人的一切，包括过去和现在、未来，这种感觉可以消除恐惧，满足安全感的需要。从男人主动追求女人，到男人主动要求性爱，再到主动完成性爱，从始至终男人都扮演着一个操控者。男人在性爱中采取主动方式，不断地给对方带来快感，他所追求的不是高潮的那个瞬间，而是享受给对方带来源源不断的快乐，之后再得到对方的赞许。总而言之，所谓的男人就是一种只有将女子引向性高潮后，自己才能得到真正的性快感的、在性爱上贪得无厌、难以对付的动物。假如女人从其他男人那里得到的快感大于自己所给予的，对男人来讲，这无疑是一种巨大的打击。因为它完全否定了性爱中男人存在的价值。因此感到不安的男人总是会对女友的往事无法释怀，更加希望婚姻伴侣从未被他人占有过。

三是追求完美。恋爱史及伴侣都不能有瑕疵。这样的人在日常生活和工作中也是很挑剔和严谨的，凡事要求过高，他自身的压力也是沉重的。

"处女情结"的心理应该如何调整呢？

第一，正视女友对自己的爱。

当男人不自信的时候，其实没有看清楚：女友有过恋爱的经历后，仍然选择和自己在一起，这就证明了她心里面，其他男人都不及这个男人优秀。

第二，认识自己的缺陷。

当男人觉得非处女有不完美的遗憾时，应该看看自己，也不可能永远完美、一尘不染，自己也会有其他方面的缺点。与其在寻求完美的压力中不能解脱，还不如接纳一些遗憾，把精力放在享受其他优点的快乐中。

第三，理解、包容、珍惜对方。

两个人携手走一生，不仅是爱对方的长处，还需要理解她的弱点、包容她的过去。人生是不断成长的过程，经历什么并不重要，通过经历学会了珍惜爱，拥有让婚姻幸福的能力才最重要。让"过去"来破坏愉快的"现在"并不合适，处女膜不比一生的婚姻幸福更重要。

第三部分

燃烧焦虑：
做轻松减压的
职场人士

伴随着经济的快速发展，我们的生活节奏不断加快，工作环境、方式不断复杂化，由此带来的工作压力也是与日俱增。在这纷繁复杂的社会中，我们既能看到职场上轻松快乐的人，也能看到更多的人因为工作而产生了各种各样的焦虑与不安，严重者甚至影响到了日常生活。所以，现代人的困惑与不安，已经成了我们关注的焦点，当然，不同的人面对工作焦虑会有不同的处理方式。首先我们必须要了解自己的焦虑状况。

工作焦虑是指人们对工作环境中一些即将来临的、可能会造成危险和灾祸或者要做出重大努力情况进行适应时所发生的一种心理状态，是一种忧虑、恐惧和焦灼不安兼而有之的情绪反应。自我效能感，是指人们对自己实现特定领域行为目标所需能力的一种信念。自我效能感是积极性发挥作用最普遍、也是最为重要的心理机制，人们只有相信自己的行为能够达到理想的效果，并能阻止不理想结果的发生，才会有行动的动机。

我们可否发现这样一个事实：社会发展越快，人们的工作焦虑也就越严重。黑格尔认为，人类文明的过程实际上是理性发展的过程。根据马克斯·韦伯的理解，现代化就等于理性化。高度发展的理性促使人类自我强迫和自我反强迫意识膨胀；并且理性还解决不了人性中最核心的问题：道德感、人生价值感、人生意义感，以及对生命的终极关怀等。胡纪泽曾提出"焦虑是产生于理性而脱离了理性的轨道的一种情绪障碍"。也就是说，焦虑产生的根源在于理性的发展，如果理性越发达，那么焦虑也就越严重。起初，人们闲然自得于"理性不足，情理有余"的传统文化环境中，并不产生过多的焦虑。进入现代化进程和社会转型后，其传统文化遭受到前所未有的冲击。在这个过程中，人们出现了严重的大范围焦虑，即集体焦虑。

强烈的恐惧会伴随着心跳加快、出汗、颤抖、手脚冰凉、恶心、麻木、呼吸困难、头昏眼花等症状。你有过这样的经历吗？你会不会担心自己可能会死掉、不省人事、发疯或者陷于尴尬境地？你是否害怕超市、影剧院等拥挤的场所，隧道、电梯、地铁等封闭的场所？你是否既害怕离开家，又害怕独处，甚至连长途车都不敢坐？很多名人都在公开场合说过自己与焦虑做斗争的经历。另外，要积极面对心灵的感冒，用健康的方式击败它。

"开夜车""挑夜灯"等俗语不仅是描述学生考试前的临阵磨枪，同时也运用于职场人士的工作状态中。从心理学角度讲，这样的现象叫作"夜抑郁"，它是抑郁症的一种。正常来讲，夜晚本是一天中放松的时间，然而繁重的工作却让许多人成了我们俗称的"夜猫子"。对于那些在外地工作或朋友圈小的年轻人来说，夜晚成了他们最为难熬的时间段，因为他们的生活圈仅局限于方圆一公里的范围。无聊、郁闷的夜晚，只能将时间打发到工作中去，只有不停地工作才能将时间消磨。但时间一长，在他们心里易造成对下班回家的一种抗拒，因为生活中感情的投入主要是集中在白天，晚上回家孤苦伶仃、寂寞难耐。自然，人们也就习惯了白天的工作，厌倦夜晚的孤独。

但实际上，人们夜晚的感情是最为丰富的。人们通常较重视晚餐的制作与享用、喜欢晚上一个人安静地写博客、喜欢晚上与人交流感情等。从心理的角度分析，人类无意识的活动遵循的是"唯乐"原则，简单地讲就是自己喜欢怎么做就怎么来。白天，我们扮演的是某种社会角色，我们的行为和想法都是从所扮演的角色出发；而晚上则不同，我们从社会角色转换到了个体角色，即使还在工作，我们不会再过多也考虑如何防备他人，同时对自己的约束力也减弱了。在这种放松的状态下，白天被压抑的思想在晚上得到了释放。

心理咨询师同时建议，如果想远离抑郁，首先要知道自己目前的心理状态。调查显示，有80%的人不知道抑郁症的特点是什么，有60%的人不知道自己患了抑郁症。如果觉得自己当前的心理状态不佳，可以选择去医院或者心理咨询室做初步检查；如果确实患有抑郁症，也不必惊慌，因为抑郁症类似于感冒，已经成了普遍现象。

另外，对自己的工作和休息时间要有所区分，不能长时间不停地工作，也不能整天地玩乐。适当培养兴趣爱好、广交朋友对自己无疑是有利无害的。统计表明，一个客户背后蕴藏着250个客户，同样，一个朋友至少能给你带来10个新朋友，你的朋友圈因此会变得越来越大，朋友多了，郁闷自然就得到缓解了。

12
"焦虑"时就用
弗式"释梦"法

　　说到释梦，首先就来说说梦。伴随着黑夜的降临，人们渐渐地入睡，此时和每个人最紧密联系的活动就是梦。每个人都会做各种各样的梦，或千奇百怪，或平淡无奇。而部分的梦醒来时会记得，部分则无法回忆。无论我们是否还记得昨夜梦见了什么，但梦都在夜晚实实在在地萦绕着我们。无论做的是美梦还是噩梦，都牵动着我们的心绪。那梦究竟是什么呢？在远古时代，由于人类的无知，对各种自然现象是既惧怕又崇敬。对于无法解释的事件，他们用巫术来广而代之，认为在超乎人类的角落里侨居着一种"神"。在他们眼里，"神"是具备超能力的，它能改变世界、改变人类，其中，以各种图腾作为神、人的交流媒介。梦，在巫术充斥的世界里被视为一种神谕，它是人类灵魂离开肉体后的另外一种表现形式，它能预示未来，也能占卜吉凶。进入现代，科学文化的发展进步打破了梦的神秘感，人们由此揭开了梦的神秘面纱。但对梦的解释社会各界人士是存在争议的，一些科学家认为梦是一种纯粹的躯体现象，而弗洛伊德则认为梦是一种心理现象，绝非一种躯体现象。人的梦是其愿望的表达与满足，通过做梦能够释放心中所积累的紧张情绪，提高人的睡眠质量。弗洛伊德的释梦严格遵守因果法则，认为人的精神活动是有规律可循的，不管是在意识活动还是潜意识活动下都遵循着因果法则。梦，表面看上去杂乱无章，但在紊乱中体现了规律性，因此它对人类自身是有价值的。总而言之，梦是来自我们内心的声音。

弗洛伊德把梦划分为三大类，包括愿望梦、焦虑梦和惩罚梦，它们的本质都是为了满足愿望，释放能量。人为什么会做梦？为什么会做跟日常生活有关的梦？梦究竟是如何产生的？弗洛伊德认为，梦的形成需要一定的材料来源：一是做梦前一天的残留念头；二是睡眠当中身体方面的刺激；三是儿时的经验。梦的内容结构由显梦和隐梦两部分组成，显梦是通过稽查作用和梦的伪装将心中隐藏的愿望输入意识当中而形成的。其中，稽查作用是将隐梦中包含的无意识冲动伪装后转化成显梦，而这个转化过程又包含了凝缩作用、移置作用、戏剧化作用和润饰作用。前面已经介绍过，梦是愿望的满足，情感的反映，而情感在梦中的反映是最为真实的。梦通过无意识的途径将压抑的本能冲动意识化，利用这一原理，通过对梦中原意的自由联想，能够挖掘出隐梦的具体意义，这将有助于对焦虑的释放，从而缓解心中的压力。

这里要特别强调的是，弗洛伊德在后期对其释梦理论进行了一系列重大的修改和补充说明。首先，强调了"象征作用"。弗洛伊德指出："象征作用或许是梦理论中最引人注目的部分，象征作用使我们在某些情形中无须询问梦者来对梦进行解释。如果我们熟悉了一般梦的象征和梦者的人格，他生活的环境以及梦发生前的印象等，我们时常可以直接来释梦——就好像一见面就可以认出一样。"在强调象征法的同时也不排除使用联想法，即在处理象征元素时，一要利用梦者的联想，二要利用释梦者的有关象征知识来弥补联想的不足。其次，弗洛伊德还针对学术界对其"泛性论"的责难做出了回应。他反驳说："我可以肯定你们听别人说过，精神分析以为一切梦都只有性意义。那么你们自己现在可以判断这种责难是不正确的。你们已熟悉那些满足愿望的梦，用以应付那些最明显的需要（饥、渴、自由的渴望等）的满足，还有安乐的梦、焦虑的梦和纯粹的贪欲和自私的梦。"1923年，他还提出释梦技术程序的选择方案。弗洛伊德并不认同梦的心灵感应和神秘主义释梦观。他指出，心灵感应中的"梦"即使存在它仅仅是睡眠状态中的心灵感应经历，并非是精神分析的梦，然而精神分析却有助于我们对某些所谓心理感应现象的研究。弗洛伊德在晚年阶段又提出："梦也是一种精神变态，具有精神变态特有的一切荒谬活动，妄想和幻觉。毫无疑问，短时间的精神变态是无害的，甚至还能承担一种有用的功能。"

事实上，释梦是为了使梦者根据自己当下的体验，从自己收集的梦中找出你自己的意义。通过释梦可以了解我们的潜意识，比如说某个坏习惯很难改掉，其实背后可能有潜意识的原因存在。这种原因本人并不知道，是通过分析梦才可以了解的。在此我们可以从一个梦例中了解什么是释梦及梦者的心理。一个女孩梦到一架直升机，飞机上有一对成年男女，另外有个小女孩也想乘坐飞机，当她靠近飞机的时候，却不幸地被螺旋桨削掉了脑袋。在梦里出现的三个人物和直升机、螺旋桨是我们了解做梦女孩心理的关键元素。这样的梦实属一个噩梦，对于这个女孩来说是痛苦的。为什么她会做这样的梦呢？梦中的人物和这血腥的场面究竟和这个女孩有什么联系呢？根据"象征作用"理论，梦中的人物和物体是具备象征意义的，通过对人物和物体的分析，寻求与女孩生活中有关联的人和物。通过这种方法，可以了解到梦中的一男一女其实代表着梦者的两个即将辞职跳槽的同事，由于这两个人工作能力比较强，所以在梦中以成年人的身份出现。而梦中的那个小女孩代表的是梦者的另外一位同事，小女孩跟成年人相比较，无论是在身体还是在思想上都不及成年人，显得娇小柔弱，因此可以推断梦者的另外一位同事在工作能力上略显不足，事实也证明如此，那位同事也想跳槽。但梦者认为，那位同事可能会跳槽失败，由此而担心，反映到梦中，便是小女孩的脑袋被螺旋桨给削掉了。其实梦中的人物还有另外一层象征意义，每个人物其实也代表着梦者本人，而不同的人代表的是梦者不同的性格特点。因此，在梦中，梦者既希望自己能像那两个有本事的同事一样展翅高飞，开辟新的事业，但同时又害怕自己会像那个体弱多病、业绩平平的女孩，被跳槽所伤害。

所以通过释梦，我们可以看到梦者的内心世界，从而能够帮助梦者认识自己，以期梦者的身心都能得到调整。

释梦最大的好处在于能够改善一个人的心理状况。如果你的一个朋友，性格内向，遇事总埋在心里。有一天他向你描述了他的梦，通过你的分析，发现他原来与父母、妻子均产生了矛盾，而且还发现导致这一矛盾发生的根源在于他的处世方式。你便可以借梦开导他的复杂情绪，改变他的态度，调和他与家人的关系。如果不释梦，或许他还不会和你说心里话，你也就不会有机会为你的朋友排忧解难。

用释梦法去调整心理，重点是因势利导，逐步深入。举例说明，有一个中年妇女说她梦见被一只黑狗追赶。她用大棒打狗也打不死，自己跑也跑不掉，感到十分恐慌。首先释梦者要让她明白，类似于黑狗这种无法摆脱的追赶者往往是她心灵的一部分。而狗在人们心中往往象征着警察，它追你，说明在你的内心深入是不是有不为人知的秘密呢？假如梦者说想不起来，只是梦者不敢说、不愿说而已，释梦者可以让她再说一个梦，有助于从中寻找她负罪感的来源，以此安抚她的心灵。

有了这样的认识后，释梦者可以告诉她："良心"不一定总是正确的。人有两种良心，一种来自最为深切的人性。这种良心使人对美好的事物产生偏爱，而对邪恶的事物深恶痛绝。当一个人看到美国军队对伊拉克狂轰乱炸时，他会义愤填膺，这就是出于人性最深层的良心。当一个人看到欺瞒诈骗时，他会痛恨厌恶，这也出于人性最深层的良心。人的第二种良心是源于幼年受的教育、源于社会道德，这种良心就不一定都是正确的了。封建社会里，假如一个寡妇想再婚，人们会鄙视责骂她。即使这个寡妇才刚20出头，人们也会坚决要求她不许再婚，更不能有"野男人"。受这种社会环境的影响，就寡妇个人而言，她的良心也会受到自我谴责。而在当代社会，离婚后再婚简直是不足为奇。当然，有些人的良心主要是受幼年教育的影响，就算社会道德观发生了变化，他的良心也不会变。面对同样的局面，他的良心仍会受到谴责。而这时他的良心似乎就不正确而又不必要了。前面说的那个中年妇女有一个过于严苛的良心，它要求她想也不许想丈夫以外的其他男人，而当她动了一下这种念头时，就"让狗追捕她"。释梦者可以告诉她，她可以对自己说：道德如同法律，不是一成不变的。如果它已不适合，可以修改。现在要把道德改为：偶尔受到异性吸引，产生婚外恋的念头，这是难免的，不必当成不道德。为了对家庭的责任和对爱情忠实，要约束自己不实施行动。当道德或说良心的法律改变了之后，她就不是"道德罪犯"了，狗自然也就不会追她了。

通过对该梦的了解，我们是否还会产生一些疑虑，为何这个中年妇女会产生婚外恋的念头？一般说来，导致婚外恋的常见因素是婚姻生活得不到满足。这种不满足的根源又在哪里呢？夫妻之间是否有相互隐瞒？当夫妻关系出现裂痕时是否在掩饰？

释梦者可以就此探询这些问题，并且尽最大努力帮助对方寻求到新的解决方法，这样释梦才有价值。在我们释放自己的梦时，照样可以这样做。自己问自己问题；自己安慰自己；自己与内心交流；自己要求自己放弃旧的观念，重建新的更为合理、正确的观念，从而使自己身心更健康。

不是所有的人都能采用释梦的方法来解决生活中的焦虑、矛盾等，只有经过一定的理论学习和实践才能掌握，并且在释梦过程中，我们还必须遵循一定的原则。

1. 首先应始终从表面来理解梦，考察它对客观事实的表现，诸如警告或提醒，其次才是探讨它的隐喻意义。

2. 如果表面看来梦无意义，那么（也只有此时）才能将它看作是对梦者做梦时所具有的感受的隐喻表现。

3. 一切梦均由脑中某事引起，因此首先应将梦境与前一两天的某些事件或想法相联系。

4. 梦境的基调往往是说明具体生活处境的线索。例如，梦的基调是悲苦的，那它是由梦者当前生活中某种悲苦处境引起的。

5. 梦的主题往往表明人的一些共同感受或体验。但是在这样宽泛的限度内，每个主题可以有截然不同的意义，这是因梦者和做梦时每全人的人生或处境不同而异的。

6. 同一主题在同一梦者的梦中反复出现，每次可以有不同的具体意义，这依每次做梦时的生活环境而定。

7. 梦并不告诉我们已知之事（当然，每次可以有不知，但未被实行，这时常常表现为噩梦，直至我们觉悟为止）。因此，如果一个梦似乎关涉十分熟悉之事，那就应寻找其中的其他含义。

8. 仅当一个梦对梦者的当前处境有意义，并促使他去建设性地改变生活时，它才得到了正确解释。

9. 如果一种解释使患者无动于衷和无比沮丧，那就是不正确的解释。梦使我们充实，而不是使我们消沉。

当然，释梦仅仅是一种手段而已。人生数十载，总会遇到各种各样的挫折、逆境。从出生到老死都顺顺利利的人，是不存在的。遇到些困难、处于逆境是正常的，也不需怨天尤人，关键是要懂得如何面对。那些成功的人，也并非一帆风顺，他们也是在逆境中挣扎过的。过来人大多都不顺利，而之所以能取得成功，是因为他们敢于面对困难，也懂得如何面对逆境。你或许会说，在他们的成就中，运气占有很大的部分，正所谓"谋事在人，成事在天"。谋事者芸芸众生，成事者寥若晨星。但你可否想过，如果你不"谋"的话，又何来的"成"呀？面对困难，首先你要鼓起勇气去面对。不论遇到什么挫折，身处什么逆境，你都不要半途而废。从你来到这世上，再到长大成人，其本身就不易。母亲十月怀胎，经历了千辛万苦的临盆。父亲呕心沥血，含辛茹苦把你养育成人。再就是身边一大帮的亲朋好友，无不对你寄予期望和殷切的关怀，他们都在期待你取得成功的那一天。但是，你完全不必用功成名就来作为对他们的报答。你只要能够在社会中占有一席之地，对他们就是一种莫大的安慰。因此，你没有任何理由选择放弃。或者悲观地讲，你从一生下来就很不顺利，也就没有前面所说的那些"寄予"，可那又能如何呢？这也不过是将身处逆境的时间提前罢了，要做的只是将你的起点放低些而已。如今，你已经学会了独立思考，也就说明你已具备自立的能力了。尽管历经艰难险阻，但说明你已经长大成人，懂得了如何做人，拥有了责任感，你的起点高了。因此，无论未来怎样，还能有什么是你不能面对的呢？

13

调节自我约束作用，
释放你的"力比多"能量

　　《人鱼公主》讲述的是美人鱼无论付出多少代价都要让自己的鱼尾变成双腿，她的最终目的是为了能够成为一个正常的女人，以此得到与王子婚配的资格。美人鱼给我们展示的是她美好的愿望，在我们看来，这样的愿望是再简单不过了。美人鱼只期望能与王子过上幸福的生活，一辈子便足矣。每个人心中都有自己的力比多，也许这就是美人鱼的力比多。那么对于我们这般平常人来说，心中的力比多如何能得到释放呢？我们生活中的梦想与欲望，如何才能通过一定的渠道得到实现或是宣泄呢？

　　从精神分析角度定义力比多，它又称为性力、心力等。在弗洛伊德的《性学三论》中，力比多指一种与性能本能有联系的潜在能量。通过将性欲与自我保存本能做对比，开始把力比多等同于性欲或性冲动，后引申为一种集体生存、寻求快乐和逃避痛苦的本能欲望，它是一种生的本能的动机力量。弗洛伊德把它看作是人的一切心理活动和行为的动力源泉，是性欲、性本能冲动。弗洛伊德认为："人的潜意识是一个特殊的精神领域，它具有自己的愿望冲动、自己的表现方式和特有的精神机制。"或者说，潜意识是人类心理深层的基础和人类活动的内驱力，决定着人的全部有意识的生活。潜意识中隐藏着各种为人类社会伦理道德、宗教法律所不能容忍的动物性的本能冲动，而人的性本能，即"力比多"是一切本能中最基本的内容，它一直受到"超我"的限制，并且总想冲破这种限制去实现满足，变相地向外宣泄，进入到"意识"层面，否则便形成了"压抑"。

精神分析理论指出，人的本能决定着人的行为，在本能的驱使下，经过力比多的转移与分配产生了行为。当力必多能够持久、成功地转移并分配到本能所要达到的对象的时候，本能的内趋力得以释放，快乐原则得到实现，焦虑也就随之解除，我们便能感觉到快乐。我们把这种状态称为健康。相反，当力必多的转移与分配持续受阻时，快乐原则无法实现，焦虑继续积聚，我们就会感受到焦虑、痛苦，我们把这种状态称为病态，犹如《金锁记》里的曹七巧的悲剧心理。曹七巧的一生是一个悲剧，由于强大的"超我"——封建伦理道德与礼教无限压抑了其潜意识深处的原始欲望，因此她在释放力比多能量时，只能不自觉地选择投向他方的途径。在潜意识中的力比多能量的驱使下，在性变态心理、仇视与嫉妒心理的驱使下，她毁掉了自己的亲生子女的幸福与生命。可见，力必多的转移与分配是快乐、健康与否的关键，也是精神分析理论核心的核心、精髓的精髓。弗洛伊德指出，转移和分配压抑在潜意识深处的力比多能量通常至少有三个途径：一是经自身心理结构内部的调整，如自我和超我对力比多能量的制约作用，逐步在力比多释放之前将其克服；二是将压抑的欲望直接投射到异性对象上去，以实现欲望的满足；三是将投射目标移向他方。

借鉴力比多动力学、力比多经济学等命名方式，笔者欲在此针对职场焦虑套用该种方式，自拟一词条——职场力比多，即现实生活与理想事业发生冲突时所产生的力比多能量。一般情况下，我们对上班族的评价是高薪酬人群，这是我们能看到的他们光鲜的一面，至于他们背后的心酸、苦恼我们并没有深入地了解。其实，许多上班族对自己当前的工作并不是很满意，这究竟是为什么呢？在他人看来，上班族的工作是让人羡慕不已的。为什么他们还会感觉不幸福呢？由此，我们不禁会问：人到底在追求什么？在满足物质需求的前提条件下，追求精神上的满足已经成了当代热门的话题和职场人员的重要目标。世界充满着矛盾，理想与现实之间始终横着一条无法跨越的巨大鸿沟。而站在弗洛伊德的"三我"角度分析，"现实"类似于"超我"，"理想"等同于"本我"。现实是要满足生存，经营家庭，所以必须靠劳作获取资源，这是作为一个社会人最基本的责任和义务；而理想是要获取职场幸福感。没有任何一个人心甘情愿地痛苦工作，但人们往往又是痛苦地工作着。在现实条件的限制下，每个人心中的力比多能量是愈发高涨的。经有关专家指出，影响职场幸福感的因素主要有三个：一是兴趣；二是人际关系；三是自我爱护。

　　首先，兴趣与职业的满意度及幸福感有很大的关系。很多人心里可能会有这样的矛盾，当我找到一份比较感兴趣的工作时，收入却不尽人意；当我找到一份收入可观的工作时，我又感到很枯燥、压抑，并非兴趣所在。处于这样的窘况，我该作何打算？面对它，我们应该有这样一些认识。工作与兴趣不可能百分之百相符合，但至少有一点我们要明白，对所从事的工作有兴趣才好。因为我们一天中大部分时间都在工作，如果没有兴趣，仅仅是为了赚钱，那么这是件痛苦的差事。某企业一员工跳楼自杀，该员工是一名大学毕业生。他原本希望能够从事研发工作，结果被安排从事制造工作。虽然薪酬十分可观，但是他对制造业没有任何兴趣，时间一长，便觉得自己走错了人生的第一步，后边的日子还有什么意义呢？可是，面对激烈的就业竞争，我们不得不退而求其次，折中选择，当我们作出选择后，唯一且必须要做的便是树立拥有工作是幸福的这样的观念。美国汽车大王亨利·福特说过："工作是你可以依靠的东西，是个可以终身信赖且永远不会背弃你的朋友。"就连拥有亿万资财的汽车业巨子，都还有如此的工作热情，我们为何还找不出热爱工作的理由呢？怎样去热爱一份工作是每个人都需要了解的问题。第一，你必须拥有足够的自信，相信自己一定能胜任这项工作并驾驭它，一定能灵活地运用这项工作使自己获得更多的乐趣。第二，你要发自内心地去喜欢你所从事的工作。如果你是一个销售人员，你要学会让自己喜欢你所销售的产品；倘若你是一位行政职员，你所提供的是对人群的服务；倘若你是一位母亲，就是付出对孩子的爱。你必须真心喜欢你的工作，如果对工作流程不了解，则去弄懂它；如果对公司某环节存在疑问，就去好好求证以求明白。然后你要建立起对工作的信心，无人可撼动你。在心理上对自己、对工作做了肯定后，下一步就是行动。你要制订计划，然后逐步落实。在这个过程中，你会发现你已经逐渐爱上原本不喜欢的工作了。假如用了上面的办法你还是不能接受当前的工作，那么你必须认识到，工作是你得以生存的重要途径，事业是你生存有保障后才能追求的，一个成功者要把工作与事业区分开。倘若你的工作就是你的兴趣所在，这是最好的结果，这样你就可以把你的全部心力放在你的兴趣上，同时也放在你的工作上；如果工作与兴趣并非一体，那么就做一份你不完全喜欢但可以保障你生活需要的工作，然后用你这份工作的收入去完成你的兴趣，这也算是一种明智的选择。有了这样的自我努力，才能使自身的职场力比多能量得到释放，以至于不让自己陷入痛苦的境地。

其次，人际关系。生活中人际关系的重要性已经是无可争议的了，它不仅是我们生活中物质与精神的纽带，也是维护健康心理的重要手段。拥有一个良好的人际关系能够缓解心理压力，促进心理健康；相反，一个不好的人际关系非但不能缓解压力，反而易给我们造成心理障碍。社会中的人不可能独立生存，需要与他人交往，因此人际关系显得至关重要。前面笔者已经谈到了兴趣与职业对幸福感的影响，那么人际关系又是如何来影响职场幸福感的呢？良好的人际关系代表着拥有许多的朋友，人与人之间的关系和谐，大家相互关怀、相互帮助，遇到困难也较易解决，同时也可缓解复杂的情绪，平定心情，有助于身心健康。而朋友少的人易产生孤独感、失落感，平时缺乏沟通，也易产生抑郁症；产生了问题也无法得到化解，恶性循环，情况只会更加糟糕，所谓的职场幸福感也就荡然无存。除此以外，也可以阐明，为什么以前的人不容易产生心理障碍，而现代的人容易产生心理问题和心理障碍。笔者的一位老师曾谈及过："在20世纪80年代，他们虽说吃不好穿不暖，娱乐方式也甚少，但他们的精神需求却能够得到很好的满足，人与人之间感情深厚、团结互助，而如今的状况是格子楼里的对户是老死不相往来，社会感情淡薄，个人精神空虚。"之所以导致这样的差异，是因为以前的生活节奏较慢，娱乐方式较单一，大家也便喜欢在一起谈天论地。通过交流，人们产生的心理问题能够得到有效地缓解，加之那种年代人们空闲时间较充足，因此，亲朋好友之间的交往也比较频繁。所以，相比于现在，以前的人们产生心理问题的概率是相当小的。而现代社会不一样，生活节奏快，空闲时间又少，人与人之间的交流自然比较少，加上繁重工作带来的压力，由此产生的心理压力也越来越大。由于空闲时间少的缘故，导致与别人交流的机会变少。因此，产生的心理问题不能得到及时地缓解，越积越多，也就很容易产生心理障碍。随着生活节奏的加快，人们想要增加沟通都已成为一件奢侈的事情，正如那首《常回家看看》所唱的一样，生动表达了人们渴望与家人团聚、交流感情的心情。另外，生活中那些性格内向的人群也容易产生心理障碍，而那些性格外向的人则不容易产生心理障碍。那是因为性格外向的人，他会把问题及时地表达出来并得到亲人或朋友的开导；而性格内向的人习惯把各种问题都藏在心里，这样，他们的问题就不能得到及时地宣泄，问题也随之增多，最终以心理障碍的形式暴露出来。所以，性格内向的人比较容易产生心理障碍。

为了克服职场人际障碍，提高自我职场幸福感，借鉴弗洛伊德释放力比多能量的第三种途径——将投射目标移向他方，寻求他人的帮助，因此我们须注意以下几个方面：第一，要有几个知心朋友，以至于遇到麻烦能找人倾诉，及时解决心理问题；第二，要学会与人打交道，因为一个人只有在一个集体中才会有安全感，也容易化解一些产生的心理问题；第三，与家人和睦相处，良好的家庭关系让人有一种安全感，也能化解心理问题；第四，接纳心理咨询方式。坦然面对出现的心理偏差，改变旧时对心理咨询的错误认知，不要以为进行心理咨询是件丢脸的事情，其实不然。心理咨询就是心理咨询师与求助者建立的一种特殊的人际关系，它好比自己的知心朋友，能够静静地听你诉说，能够耐心地进行心理指导。

最后，我们的幸福感更多地取决于自我爱护。职场中人常常抱怨自己的压力很大，其实这份压力有相当一部分来源于自己，人们总觉得自己做得不够好，总是在内心不断驱策自己一定要努力，于是便忙得没有喘息的机会，永远没有结束的时候。这样，无形中就给自己增加了许多压力和不快。造成这种状况的原因在于人的欲望是无穷无尽的，当欲望无法得到满足或是没有达到自我的期望时，便在心里产生些许的忧郁或焦虑。面对无穷的欲望，我们只有选择学会自我爱护，寻求知足常乐之崇高境界。"知足常乐"就是一种人生态度，是一种对幸福追求持极易满足的态度，而这种带有中国特色的态度产生于中国千百年来的小农经济。古人云："罪莫大于多欲，祸莫大于不知足，咎莫大于欲得。故知足之足，常足矣。"乐于满足的人，永远是快乐的。哲学家认为，导致痛苦的根源不是贫困而是欲望。人的欲望一旦得不到满足，产生的就是痛苦；人的欲望是无穷无尽的，当一个欲望得到满足后，会有新的欲望随之产生，所以痛苦也总是随着欲望的产生而产生。因此，在所有欲望不可能都得到满足的情况下，我们要学会知足常乐。知足常乐是用发展的眼光看待事物的，那些安于现状的自满不叫知足。知足的人不会去追求那些不切实际的欲望，他们只会在能实现的范围之内努力拼搏。这类人的欲望一旦得到满足，快乐便油然而生，并且他们每上一个台阶，快乐的程度也会上一个新的台阶。他们的这种追求，不是刻意去勉强自己、强迫自己，而是在自我能达到的范围内去要求自己，自觉地知足，心平气和地去享受独得之乐。

14

在 "力比多" 结构下，
别丢失了 "自我理想"

  前面已经对力比多理论做了详细的阐述，故本法则不再对其进行过多的解释，而欲在男比多理论的基础上进行拓展。我们所面对的现实和心中所拥有的理想存在着巨大的差距，两者似乎永远无法形成一个交集。但理想源于现实，又高于现实，似乎通过我们的艰苦奋斗又能将理想转化为现实！理想跟现实是那么近，因为理想是现实的缩影；但两者又是那么的遥不可及，因为理想终究是理想，没有艰苦奋斗就永远是理想。在部分人看来，就算艰苦奋斗了，理想还是无法实现，进而也就成了幻想！现实与理想之间的矛盾，在我们的内心深处产生了过多的力比多能量，这易导致意志力薄弱、不能吃苦耐劳的人放弃自己的理想，在社会这样的一个大染缸里，失去自我，甚至自甘堕落。我们的人生不能没有理想。没有理想，我们就不会努力，因为我们不知道为什么要努力；没有目标，我们就几乎会同时失去机遇、运气和别人的支持，因为我们不知道自己到底想要什么，也就没有什么能够帮助得了我们。所以，每个人都应该树立理想，并为之奋斗。

  我们知道，理想与现实的关系问题一直备受哲学家的青睐，从德国古典哲学家诸如康德和黑格尔到伟大的马克思，他们都对该问题做了非常深入的探索。由于康德不满足于封建专制制度，他从现实中看到的都是邪恶和弊端，因而，他构建了这样一个理想的国度，并称其为 "目的国"。在那里，人类幸福、自由地生活着，世界永远都处于和平状态，所有财产大家平等拥有，人人都不会有私心，也没有邪恶念头。马克思吸取了古典哲学的一些思想资料，站在科学的世界观和方法论上解决了有关理想和现实的关系问题。马克思曾评论康德："康德认为共和国作为唯一合理的国家形式，是实际理性的基准，是一种永远不能实现但又是我们应该永远力求和企图实现的基准。"

马克思主义提出，理想与现实的关系是辩证统一的。我们在认识事物的时候，既要看到事物的统一的一面，又要看到事物的对立的一面，要把二者统一起来。比如说警察和小偷，警察抓小偷，小偷躲警察，两者是互相矛盾的。但是，如果小偷没有了，警察也就失去了意义，也要随之消失，这又是统一。

有这样一则故事：据说市场上绿豆特别紧俏，且利润大，两个好朋友约好一起去贩运。他们马不停蹄地赶往绿豆产地。但是当他们到达以后，却发现绿豆早已抢空了，不过那边苹果倒是有不少。"绿豆虽然赚钱，但我没赶上趟，不如买些苹果回去卖卖。"其中的一个人这样想。他于是买了很多苹果回来，并且也赚了一大笔钱。而他的好友呢？却扑空一趟就倍感沮丧，只是随便逛了一圈，空手而归。

试想，人生又何尝不是这样呢？我们想拥有的实在是太多太多了，然而造化弄人，想要的没有得到，不想要的却偏偏得到了，只有少数人才能够如愿以偿。既然这样，我们为何不换位思考，修正理想与现实之间的距离，让自己随遇而安，充实而快乐地生活呢？

在本书的每条法则里，笔者几乎都有举例作为内容的佐证。在该条法则里，为了更好地说明现实与理想之间的问题，在笔者看来，唯一能对上述内容有强大支撑作用的例子只有弗洛伊德尘封了百年的爱情。

1882年的一天，弗洛伊德的医院里来了一位年轻的女病人，身边还跟着一名大约18岁的少女，那位少女深深吸引住了弗洛伊德。女病人名叫玛莎，是一名教会工作人员，而那位少女是她的亲妹妹米娜，是维也纳的一名音乐教师。

在这次看病当中，奇妙地产生了三角恋情。弗洛伊德对米娜一见钟情，同时玛莎又对弗洛伊德一见钟情，至于米娜的心思如何，当时无人知晓。玛莎性格活泼开朗，冲着对弗洛伊德的好感之情，她对弗洛伊德发起了猛烈的攻势。然而不幸的是，弗洛伊德喜欢的是妹妹米娜。虽然如此，但当时玛莎并不清楚弗洛伊德的想法，一如既往地追求着弗洛伊德。玛莎邀请弗洛伊德到家里做客。这次赴宴，对弗洛伊德来说是一件备受打击的事情。来到玛莎家，弗洛伊德才知道米娜已经有了未婚夫——伊凡，并且他还是一位身份显赫的伯爵。弗洛伊德心里顿时落空，同时也心生自卑感，因为在那时，弗洛伊德仅仅是一名平凡的神经科医生。

失落的弗洛伊德独自来到客厅情不自禁地弹奏了舒伯特的《美丽的磨坊姑娘》。这是一个凄美的爱情故事。男青年爱上了磨坊主美丽的女儿，他在树上刻下了姑娘的名字。然而，森林中的猎人抢走了那位姑娘，男青年伤心过度跳河殉情。

弗洛伊德也因错失了米娜而倍感失望。回家经过了一条梧桐大道，弗洛伊德也像《美丽的磨坊姑娘》里的那位男青年一样，不同的是弗洛伊德在树上刻下的是一首诗："如果不能做你的天空／给你整个世界的爱／那么让我做一轮月亮／在想念你的晚上可以用一帘月光轻抚你的脸庞／献给最爱的M.B.（米娜·伯奈斯名字的缩写）。"

弗洛伊德不会仅为了满足自己的欲望而去损毁别人的爱情，于是他决定让米娜仅成为心中的一段回忆，毅然接受了玛莎的爱情，与玛莎安心地过日子。而他之前的全部秘密只有那棵梧桐树才知道。

弗洛伊德和玛莎很快就结婚了，不久后生了一个儿子。如弗洛伊德所想，米娜也嫁给了伊凡，生活美满幸福。天有不测风云，人有旦夕祸福。一场灾难降临，打破了这两个家庭以往的平静。

一个冬天的晚上，米娜家发生了火灾。伊凡为了保护米娜，拼命地用自己的身体护着米娜，但结果也不尽如人意。米娜的眼睛被热气灼伤了，伊凡除了面部没有受伤外，四肢也都被烧焦了。

医生严肃地说，米娜必须更换眼角膜，否则将永远失明，而伊凡已经进入病危期。伊凡在临死前叮嘱，一定要立刻将自己的眼角膜移植给米娜。在医生的努力下，米娜的眼角膜移植手术非常成功，但失去了丈夫的米娜从此也就失去了快乐。

尽管米娜能再次看到光明，但在她心中，生活已经没有了光泽，一片漆黑。平日里，米娜没有任何欢快的表情。玛莎对妹妹也是看在眼里，痛在心上。为了能让米娜早日重拾快乐，玛莎将米娜接到家里一起生活。在玛莎和弗洛伊德的悉心呵护下，米娜的脸上渐渐露出了笑容。然而，弗洛伊德却陷入了深深的自责和矛盾中。本以为已经忘却了米娜，谁知，米娜的再次出现，又拨开了心中尘封已久的情愫。失魂落魄的弗洛伊德在庭院里，再一次奏响了那首《美丽的磨坊姑娘》。像做梦一样，不知何时，米娜出现在了弗洛伊德面前。她的视线那么忧郁，欲言又止。

原来，米娜也正如弗洛伊德一样在那次偶遇中深深地爱上了他。她对弗洛伊德说："如果我和你在一起，不仅没有颜面面对姐姐，更没有勇气面对死去的伊凡！当初，为了让我重见光明，也为了不让我再看到他被烧伤后丑陋不堪的身体，伊凡拔掉了自己的氧气管！伊凡是为我而死的……"如果米娜选择了跟弗洛伊德在一起，既对不起死去的丈夫，也对不起如此关心她的姐姐——玛莎。

弗洛伊德听后惊呆了，犹豫了许久，最后还是拉起米娜的手，来到那棵刻满思念的梧桐树前。那棵树寄予了弗洛伊德对米娜深深的相思之情，而当米娜看到刻在树干上的诗句后，已经完全不能抑制内心的冲动，深情地扑向了弗洛伊德，紧紧抱着他。那一刻，是他们真正相爱的一刻。或许那一刻既是他们的第一次也是最后一次，也或许是他们爱的开始。从那一天起，一有机会，弗洛伊德便和米娜在一起。但他们的每一次约会都是十分艰难的，他们不能光明正大地约会，他们的行为在众人眼里就是偷情之举。他们心中也为此背负着巨大的压力，但彼此间强烈的感觉又会促使他们没有任何顾忌地做着想做的事情，《美丽的磨坊姑娘》则是他们幽会的暗号。每当阁楼里悠扬的小提琴曲《美丽的磨坊姑娘》传来时，米娜就会千方百计避开家人的眼睛，和弗洛伊德见面。

弗洛伊德和米娜的感情在迅速升温，不久，米娜便怀上了弗洛伊德的孩子。而这意味着弗洛伊德必须尽快在玛莎和米娜之间做出选择，被激情冲昏了头脑的弗洛伊德最终还是选择了与米娜之间的爱情，无情地脱离了原有的婚姻。

不久，弗洛伊德便和米娜私奔到了阿尔卑斯山脚下。他们住在马洛亚旅馆的11号房间，并且用"西格蒙德·弗洛伊德博士和妻子"登记住宿，这一刻意味着他们的幸福生活已经来临。

但在私奔的第一天，他们心中仍觉不安。于是，弗洛伊德拨通了家里的电话，还没来得及等到电话铃响第二声，话筒里就已经传来了玛莎急切而惊喜的声音："是你吗？你还好吗？你不想说话吗？如果你一切都还好，就在我数3个数前挂电话好吗？我和儿子永远等你回来，我永远是最爱你的玛莎。"弗洛伊德放下了电话，痛哭流涕，这时的米娜怔怔地坐在床边，此时无声胜有声，两个被内疚和自责煎熬着的情人彻夜无眠。

第二天早上，弗洛伊德和米娜来到了阿尔卑斯山脚下。山顶有积雪，山下是宁静的冰湖。当地人告诉他们：这里曾经住着一个美丽的仙女，一位少年对她一见钟情。上帝告诉他，如果他愿意变成一座山，常年经受不化积雪的严寒，他就可以永远陪伴仙女。少年接受了这个苛刻的条件。在化成山之前，他流下了最后一滴眼泪，这眼泪就化作了这片宁静的湖水。

听完这个故事，弗洛伊德的心久久难以平静。回到旅馆，弗洛伊德忍不住再次给家里打了电话，得知玛莎自杀未遂，弗洛伊德忍不住挂了电话，失声痛哭。米娜也开始懊悔，两个人抱头痛哭。

米娜突然转身离开马洛亚旅馆的11号房间。她对弗洛伊德诚恳地说："我永远爱你！只是从今以后，这份永恒的爱只会埋藏在心里，沉入阿尔卑斯山冰湖湖底。"

弗洛伊德回到了家里，意外的是玛莎并没有深深追究，只是给了弗洛伊德一个深情的拥抱。

自此，弗洛伊德和米娜断绝了情人关系，他将全部精力投入到精神分析学领域中去，写出了传世巨作，最终成为精神分析学之父。

弗洛伊德尘封百年的爱情与自己所拥有的婚姻产生了巨大的碰撞，站在爱情与婚姻这样的十字路口，弗洛伊德选择了婚姻，但他不乏身不由己。婚姻对他来说，是一个既定的事实，但这并不是他所想要的，他希望得到的是与米娜的爱情。

15
"自恋"能增强
你的职场信心

弗洛伊德认为，自恋是自己对于自我投注力比多。他从内驱力模式和力比多的角度来描述自恋。因而，自恋一般指的是人的本能性能量要从别的客体撤回。它自身也包括力比多对自我的投注。换句话说，这就意味着如果一个人与别人建立关系或者不能去爱别人，那么这个人则是全神贯注于自身的。精神分析学家们都认为，具有自恋障碍的人是绝对不能被分析的，因为那样很危险。通常他们不能把力比多投注到一种现实人际关系当中，甚至都不可以投入到对其进行治疗的治疗师那里。因此在对他们的精神进行分析时必须注意，我们可以使用像移情的建立、解析传统的精神分析的方法治疗。

弗洛伊德认为，有一个原发性自恋，在人的发展过程中，他不仅要发现他的身体，而且更重要的是，他要适应他的身体，知道他的身体究竟是怎么一回事。也就是说，要有一些冲动，特别是性冲动捕捉到他的身体，就像捕捉客体一样。即要有一个主体永远对于自己的投注存在，这也是自我和生活的一种动力所在。原发性自恋，弗洛伊德认为它是由自淫发展而来。1920年，弗洛伊德在他的第二个拓比理论下，基本上将原发性自恋与自淫等同起来。但是还有一种继发性自恋。原本投向外界的力比多停止向外界投注，并且撤回到主体身上。对自我的投注和对客体的投注呈现此长彼消的趋势，一个用得多一个就用得少。也就是说，继发性自恋中出现了自我的投注竞争到了更多的投注，主体处于一个基本和外界隔绝的状态中。

弗洛伊德的《论自恋》一文在他整个理论体系中占据不可替代的位置。其实，力比多理论在解释精神分裂症的实例上是注定要失败的，因为性的病源论准确来说在妄想狂的个案中并不怎么明显，力比多的去性化就是要求弗洛伊德接受一个更广泛的范围的精神能量，然而如果力比多一旦被去性化，它就丧失了弗洛伊德赋予在它上面的临床上的所有价值。因此《论自恋》也成为弗洛伊德要澄清自己关于力比多理论的重要文献。

直到1914年的《论自恋》，弗洛伊德才在精神分析的许多其他概念之中，给了自恋一个适当的位置：自恋是一个性倒错的概念，主体不再对外在的与自己不同的客体有一个爱和欲望的投注，而是将它投注到自己身上，就像投注到客体一样。也是从1914年开始，弗洛伊德认为自恋对主体生活来说，是一个必要的冲动的投注形式。也就是说，与其说自恋是一个病理性的东西，还不如说自恋是主体形成的一个结构化的必要条件。

弗洛伊德在他的《论自恋》中共分了四个部分对其进行解析。在第一部分，他解释了自恋这种原发性和继发性的动机，我们应该注意到，力比多理论从我们的观察和对儿童及原始人的观点上得到加强。自恋的那两种动机就是在力比多理论的假设下，理性地解释现有的早发性痴呆症状。按理说，一个整体的自我不可能一开始就在个体身上存在，也就是说自我必须得到自我发展。自淫的冲动是天生具有的能力。所以肯定有某个新的精神活动被强加于自淫之上，因而造成了自恋。

在第二部分即器官疾病的描述中，弗洛伊德主要强调疑病症和性生活中的自恋。疑病症将其对外部世界的关注以及力比多都一并撤回，将其投注到吸引他所有注意力的器官上。实现它的最主要的方式也许就在于对妄想狂的深入分析上。环境是妄想狂和转移性神经症的主要区别。前者中被挫败

（urfsrtatoin）解放的力比多撤回到自我，它并没有以幻想的形式附着于客体。建立在转移神经症基础上的幻想的内倾也成为夸大狂控制了相应于后者的大部分的力比多的对立物。妄想狂总是导致力比多从客体上部分脱落，我们便可从临床情形做出三种分类：一是代表着病变过程的；二是代表着保持神经症正常状态的；三是在癔症或强迫性神经症产生之后，力比多再次附着于客体，代表修复。这种"支撑"导致彼恋，"自恋"导致同性恋。

这种精神功能的失败不仅导致了妄想狂的疑病，而且也导致了转移性神经症的焦虑。

《自恋论》的第三部分主要解析了理想自我。对于自我来说，一个人心中的理想的形成是内心的压抑的构成因素。按理说，如果力比多冲动与主体文化及伦理不相符合，那么这个理想就会被压抑。自我便成了在儿童期间为自我所享受或者自爱的目标。自我的发展是不断离开原发性自恋又强烈地回到这种状态。这个离开是力比多朝向自我理想的移置带来的自尊，指的是一种自我规格的表达方式。牵涉客体力比多的升华不是性满足，而是不断促使冲动的方向朝向另外的东西。什么是满足？满足就是填满这个理想和愿望。自我理想不但强烈控制着自我力比多，而且也经常控制着同性恋力比多，从而使力比多返回到自我性理想的范围内，对自我理想的附着关系被讨论。理想化的过程所涉及的客体在主体的思想中被放大和夸张。

其实在人体内存在着一个特殊的精神机制，它主要执行着"监督"的功能，这主要是为了确保自我理想和自恋的自我满足感，它需要持续观察当前的自我，并用理想来权衡它。这种特殊的精神机制被视妄想以一种退行的方式表达这种力量，揭示出自我理想的起源。什么是自尊？自尊和性欲（力比多的客体投注）的关系可以在两种情况被区分后表达：性欲投注是自我和谐的还是遭受压抑的。

自恋的时期出现在什么时候呢？正常的自恋可以追溯到婴儿时期。如果婴儿一开始就受到父母的宠爱，那他往往会认为自己就是世界的核心，所有人都要围着他转，必须都要满足他的所有需要。等他长大之后，这种态度便会逐渐演变为一种积极的自爱意识，如果缺乏这种自信的话，人们就无法充分发挥出自己的才能和力量。自恋会给人们适度的自信，这是成功不可缺少的要素。但是这种自恋还可以用另外一个标准来衡量。个人的自恋状态是否正常，那就要看他们是否会产生同情心的能力。一个具有正常行为的人如果无法正确以正常眼光看待自己和他人，那么他的自恋状态往往是属于亚健康的。

　　弗洛伊德把自恋比作睡觉或者生病的人，这时候，人把全部情感投注从外界撤回，结果，这样一个人对外界的一切都不感兴趣，因为他（她）全部的能量和注意力都被集中在自己身上。弗洛伊德的模式，就是一种内驱力与客体的模式，基本上把自恋看作是病理性的（原发自恋例外），此时，自我有一种早期的全能感。生长中的儿童，会通过向客体投注，逐渐把这种全能感转化为对客体（妈妈或者乳房）的爱。而将自身作为爱的客体的人，这就是自恋的。

　　心理学家认为，自恋者行为最明显的表现就是对荣誉的无限渴望，他们把荣誉看成人生的重要追求。这些天生的自恋者通常都讨厌遵守常规，不按常理出牌。但是当困难来向他挑战时，他便会感到无比兴奋。因此，我们可以得出这样的结论：心理健康的自恋型领导者一般都善于反省自我，并且十分乐于接受现实的挑战，以便检验自我的能力；然而对于那些不健康的自恋者而言，他们则是希望得到别人的敬仰和吹捧，而不是单纯的和一般的喜爱。因而，一般来说这些人都比较适合从事压力大的工作，这样才能体现他们在事业上的野心和魄力，也更能领导或说服他人。具有积极自恋心理的他们高瞻远瞩，不畏艰难，即使在实现目标的过程中出现许多困难和挫折，也依旧能做到举重若轻。同时，他们还善于变通，思想活跃，不断接受当今时代最新信息，审时度势，最终做出合理的决策。即使许多自恋者一般从事高压力、高回报的工作，也可能会存在巨大风险，但是只有这样才能使他们的能力在这个岗位上得到充分发挥，并且很有可能给他们带来许多的荣誉。

在商界，随着在职职位的升高以及社会竞争压力的日益增大，类似于这种自恋型领导者也就越来越多。这种自恋者渐渐地成了传奇领袖。研究发现，许多自恋型领导者在冷酷现实的现代商业社会中通常都能得到很多益处，这种雄心勃勃并且自信满满的领导者工作起来一般都能够得心应手。有些人成了创造力极强的科学家，有些人成了具有深谋远虑的军事家，有些人则成了执政力超强的总统。他们一般都能掌握全局的发展，面对未来的挑战和危机，他们丝毫不会退缩，而是迎头而上，勇于面对。当然，具有这种品质的人一般都以自信为美名，对于亲密朋友的友好忠告和善意提醒，他们都会认真考虑，并最终做出不损害太多利益的决定。这类自恋者一般也是极具同情心的，对下属和员工也会给予关心，但是他们的同情心也要看情况而论。如果遇到损害自己利益的危机，他们也许会漠视下属和员工的感受而毅然决然地做出自己原本的决定，而不是忸怩不定，徘徊不前。

自恋型领导者的特质是什么呢？他们的特点即是专制，并且擅长培养自己身边能够为自己忠诚效力的亲信。在商界中，这些人经常是改革派，他们奋斗的目标不是追求某方面的完美，而是渴求成功给自己所带来的神圣光环。由于他们不在乎自己的决定会给别人带来什么样不利的影响，因此，他们在追求目标的时候总是咄咄逼人，不惜一切代价。

怎么评价自恋状态是否健康呢？自我价值感即是评判自恋状态是否健康的一个重要标准。那些不健康的自恋者内心通常摇摆不定，处理事情时拖泥带水，极其缺乏自我价值感和认同感。因此当他处于领导者的地位时，即使做出的计划不够完美，他也无法接受任何友好的批评。他们会对那些建设性的意见采取反感态度，因为他们认为这是对自己的攻击。对批评的这种敏感的态度就意味着自恋型领导者不能集思广益，而是选择支持自己观点的数据，却忽略那些表面上反驳自己观点的事实。他们不愿去倾听他人，只愿意宣扬自己的观点或者以此教训别人。

众所周知，乔布斯是世界顶级电子产品"苹果"电脑的创始人，是商业天才，他一手创立了"苹果"，在苹果公司里力挽狂澜，率领苹果公司时业绩显著。和许多成功的商业家一样，乔布斯也是一个自相矛盾的人。为什么这么说呢？因为他虽然从禅宗寻求内心的宁静，但却又强势逼人得令人害怕。他有着与生俱来的商业敏感，是真正的跨界高手。他内心同时还有修辞家、艺术家、魔鬼、谋略家、使徒和完美主义者的特质。其实，乔布斯在PC、音乐、电影、手机等多个领域都证明了自己的这些能力。要了解苹果为什么能成为今天的苹果，必须对乔布斯性格的诸多方面进行检视。

坦白说，乔布斯总是坚信客户不知道自己要什么。他特别崇拜曾任美国总统的福特当年的一句名言："如果你问19世纪末20世纪初的人要什么，他们绝不会说是汽车，而会说我要一匹跑得更快的马。"还有一句曾经激励了他不断前进的话，是在技术界反复流传的、出自电脑先锋艾伦·凯之口："预测未来的唯一办法是发明未来。"乔布斯绝对是这一阵营里的人。

按照精神病和领导学专家迈克尔·麦考比的分析来说，乔布斯绝对是个"自恋主义领导者"。因为，对乔布斯来说，世界是个金字塔，乔布斯就坐在塔尖，观望着他足下的普通的人们，世界是他自己存在之外的副产品。他认为这个金字塔以下是少数出类拔萃的人，再往下便是芸芸众生。

乔布斯对产品内部也有一种严格的美学依恋。他坚持要求员工要把苹果产品内部的每个结构都追求完美，就算消费者看不到，苹果产品的内部也必须达到美观的效果。乔布斯这种不可理喻的对完美的迷恋不仅反映在对产品的完美追求上，也反映在他对自己身体的苛刻要求上。他一向挑食，对食品的要求很严格，但这也造成了他后来的健康问题。

和许多自恋的领导者一样，乔布斯也并不喜欢被质疑。尽管他试图从佛教禅宗中寻求宁静，但采访乔布斯却是件令人头痛的事情。一位曾采访过乔布斯的记者这样说道："如果乔布斯没有学习禅宗，那么情况会怎样？可能会更糟。"

当你从一个办公室人物的角度来评价时，乔布斯可能的确是个冷酷强硬的老板。但乔布斯似乎并不是这样的。例如，当年在带领苹果推出Macintosh之后，1985年乔布斯被他亲自从百事可乐挖来的CEO约翰·斯卡里排挤出了苹果公司。但在当时，乔布斯为了聘请斯卡里来苹果做事，曾说出了那句著名的话："你是想把余生用来卖糖水，还是想给自己一个机会来改变世界？"

仔细想一想，自恋主义领导者尤其是男性一般都出生于一个父亲角色缺失或父亲不扮演严父的角色的家庭。这是最令人惊讶的共同点。从奥巴马、克林顿、里根和尼克松等诸多自恋式总统身上我们总是能看到这一点。他们与自己的身份斤斤计较，顽固地与世界的看法努力抗争。因此他们会对事物持有非常原创的观点，并会不遗余力地寻找追随者。

16
"嫉妒"别人只能
平添你的求胜"欲望"

有一个人遇见上帝，上帝对他说：从现在起我可以满足你任何一个愿望，但前提是你的邻居会同时得到双份的回报。那人高兴不已，但他细心一想：如果我要得到一份田产，邻居就会得到两份田产；如果我要得到一箱金子，邻居就会得到两箱金子；更要命的是，如果我得到一个绝色美女，那个看来一辈子要打光棍的家伙就会同时得到两个绝色美女了。他想来想去，不知提出什么要求才好，他实在不甘心被邻居占尽便宜。最后他一咬牙：哎，你挖掉我一只眼睛吧！

这个故事，体现出了人们的嫉妒心理。倘若让人类这种恶性循环继续下去，那生活中一切美好的东西都将变成嫉妒的陪葬品。狭隘、自私产生的嫉妒是消极的，而奋发向上的强者会将这种嫉妒心化为动力，催促自己奋进。弗洛伊德认为性本恶，文明程度纯粹是将人们的恶本性加以完善罢了。

什么是"嫉妒"？"吃不到葡萄说葡萄酸"，这就是嫉妒。从某种意义上来说，嫉妒是人类普遍的一种情绪。职场是一个崇尚成功的地方，但成功与失败总是并存的，有人会成功，便意味着有人会失败。失败方容易产生羞愧、愤怒、怨恨等复杂情感和不平衡的心理，这就是所谓的嫉妒。

我们明明也知道，嫉妒本不是好事，但我们却又常常犯这样的错误。在嫉妒心的作用下，我们很容易歪曲他人的意思，从而影响到自己对事物本质的正确判断。尽管也明白这样的道理，可每当看到身边的朋友或同事升职、加薪、买房、买车等，还是会心生嫉妒。嫉妒永远是办公室里鲜活的话题，职场中的嫉妒常常与升职加薪有着千丝万缕的关系，但也不排除有其他因素的影响。

案例一：

老张是位老员工，业务过硬，为人也忠诚可靠，但由于不会"来事"，多年来一直未能得到重用，看着一些比自己资历浅、能力也未必在自己之上的人，凭着擅长领会领导意图、溜须拍马，在职场青云直上，老张的心里颇为愤懑，时常对同事发一些牢骚。

案例二：

小梅刚刚毕业，看着同办公室的小媚凭着漂亮脸蛋和一张会说话的小嘴，把主任哄得天天眉开眼笑，醋意大增，时常背后说些风凉话："有什么了不起，看她都快成主任的'小蜜'了。"

案例三：

办公室的秘书小张业绩突出，性格开朗，能说会道，交际颇广，大受老板的青睐和同事们的喜爱。刚刚步入中年的梅梅，每当看到小张和领导及同事们谈笑风生时，她心里就特别不舒坦，心生嫉妒。不久前，单位的一个数据整理出了点纰漏，为此大家都在加班整理，做得十分辛苦。在总结大会上，主任仅仅表扬了小张，夸小张心思细腻，富有责任感，让单位避免了一次大的损失。但大家对主任的偏袒有些不满，梅梅也愤懑不已，心情久久不能平静。于是，捏造出了一封关于主任和小张的"暧昧事件"的匿名信邮寄给了上级领导。上级派人对此事件进行了盘查，也让主任和小张陷入了困境。梅梅认为诬告成功，一个人躲着哈哈大笑，心里的嫉妒也得到了释放。

相信大多数人都曾有过这样类似的经历。遇到这样的事情，许多人可以一笑而过，不会过分计较；但也有少数人会为此耿耿于怀，或者与领导争辩，又或者和不喜欢的人打骂，或者背后使诡计，和自己想象中的敌人争宠，勾心斗角；也有的人则把对假想中的敌人和领导的不满长期压抑在心里，一个人生闷气，甚至有人因此闷出病来。

莎士比亚曾经说过："像空气一样轻的小事，对于一个嫉妒的人，也会变成天书一样坚强的确证；也许这就可能引起一场是非。"的确如此，嫉才的周瑜在临死前仰天长叹："既生瑜，何生亮？"一代英雄就这样自掘坟墓，最终也是害人害己。对人们来讲，嫉妒就像一条毒蛇，一旦被缠绕上，生活就会出现许多的不平和抱怨，甚至是愤恨；又像是一条蛆虫，慢慢吞噬着他人和自己；还像是来自地狱里嘶嘶作响的灼煤，把自己烧得遍体鳞伤。生活中，嫉妒往往产生于相互之间的比较，当某人在某方面比自己强时，便会产生嫉妒之心，然后计划如何去伤害他人。出于对他人的过分嫉妒，自己的事情也就无暇顾及，所有的时间和精力全部都放在了如何攻击别人的事情上，而那个被他所嫉妒的人就如同心中的恶魔，扰乱他的日常生活，使他心烦意乱，失去人生奋进的方向。

"嫉妒"别人只能平添你的求胜"欲望"，而一旦欲望无法得到满足，增加的便是自我的痛苦。嫉妒本身就是痛苦的，它是各种心理问题中对人伤害最严重的，犹如人们心灵的恶性肿瘤。如果一个人没有正确的竞争心理，一味地嫉妒他人的成就，内心就会产生怨恨，久而久之，怨恨在心中聚集成灾，产生病态心理，危害身心健康。波普尔曾经说过："对心胸卑鄙的人来说，他是嫉妒的奴隶；对有学问、有度量的人来说，嫉妒可化为竞争心。"容纳他人的优秀并不阻碍自己前进的道路，相反，能给自己提供一个竞争对手，一个学习的榜样。这样，在今后的奋斗历程中你才会迸发出前所未有的力量。比如，春秋战国时期，庞涓和孙膑一同学习兵法。庞涓嫉妒孙膑的才能，怨恨师傅的偏心。庞涓在为官期间对孙膑滥用了酷刑——挖掉孙膑的两髌，以此加害于他，但最后庞涓还是死在了孙膑手里，遂为天下人耻笑。再如，李斯嫉妒韩非子、潘仁美嫉妒杨令公等，一切都是从害人开始，结果却害了自己。可见嫉妒就如同毒蛇，危害他人的同时，因为元气耗尽，自己也不得不走进死亡的深渊。

为什么每个人都会产生嫉妒心理呢？人之所以会产生嫉妒心理，主要原因在于人一生下来便具备一种心理，我们称这种心理为"猴王心理"。所谓的"猴王心理"是指人一出生就具有一种强烈的唯我独尊的意识，把自己当作猴王，因为猴王是人人尊崇的第一人物，受人爱戴、敬仰。当他人把自己当作强者时，会表现出喜悦、自豪的情绪；相反，如果自己没有得到他人的认可，又会产生自卑、烦躁、焦虑不安的情绪。因此，我们可以说猴王心理是与焦虑情绪有密切关系的，当与你同处一个水平或同一领域中同等地位的人取得了卓越的成绩后，你心中的"唯我独尊"的意识就会受到挫伤。根据猴王心理负面情绪的特点可以推断，猴王地位遭到否定的你心中可能会出现自卑、焦躁的情绪，这样的情绪只会让你更加痛苦。嫉妒心理是猴王心理和报复心理结合的产物，因此，在别人取得成功自己反而痛苦的情况下，人的报复心理机制决定了人会采取措施给该人以报复，对成功者进行人身伤害、言语攻击、财产破坏、名誉损坏等。嫉妒心理是人的一种很普遍的心理。每个人都有猴王心理和报复心理，这就决定了每个人都可能会产生嫉妒心理。两种心理都特别强烈的人，嫉妒心理更容易爆发。嫉妒心理是危险的，如果不加以控制，其后果也是十分严重的。当然，它的出现也是不可避免的，但是通过教育的引导，我们可以把嫉妒心理所带来的危险系数降低到最低限度，这是可以实现的。

当我们产生了嫉妒心理之后，都会表现出什么样的特征呢？了解嫉妒心理的特征，有助于我们及时地、正确地调整我们的畸形心态，减轻我们职场生活的痛苦指数，以至于不让嫉妒变成自身的负担，从而影响工作状态，影响自身的人际交往。

一旦人们有了嫉妒心理，就会出现以下的几种情况：一是会表现出明显的对抗性和攻击性。其攻击目的在于损毁他人的形象。二是有明确的指向性。嫉妒心的指向性往往产生于与自己差别不大的人群之中。这是因为在职场中，曾经相差不大、同等地位的同事，或许还不如自己的同事，突然成了领导者，会导致嫉妒者的心理失衡。三是会不断地产生发泄心理。嫉妒心弱者，只会在内心产生怨恨，不会有任何实质性的行动；嫉妒心强者，会在言语上冷嘲热讽，在行为上打击报复。四是不易被察觉。嫉妒心理具有隐蔽性，嫉妒者不会将其嫉妒心理广而告之，所以一般人不愿直接表露出嫉妒，在行为上表现为拐弯抹角地攻击他人。

"职场嫉妒心"的危害很多，嫉妒心是一种心理层面的敌意与竞争，是一种无法照出现实的奇特心理镜面，常使人产生偏见和对抗心理，既容易造成同事间不必要的冲突，也可能得罪领导，形成人际关系的恶性循环，对自己的身心健康也不利。

嫉妒心是职场中常出现的一种现象，看似正常，但实质危害性很大。如果处理不当，可能会危及到自己的人际关系，破坏工作中的感情，给自己的工作、生活带来很大的困扰和烦恼。因此，产生嫉妒心后，应该及时地、合理地调整心态，赶跑办公室里的坏心情。

一般来说，减轻嫉妒心的做法有如下几个。

（1）客观评价自己。当嫉妒心萌发时，或是有一定的迹象时，学会积极主动地调整自己的意识和行动，控制自己的嫉妒动机和情感，不要让嫉妒心遮蔽了你真实的眼睛。这一点就需要客观地评价自己，正视自己的长处与短处，冷静地分析问题，找出两者之间的差距。认清自己后，再重新审视别人，就可以更真实地看到别人所付出的努力，而不是一味地嫉妒，自然也就能够拒绝你并不真正需要的诱惑了。

（2）宰相肚里能撑船。嫉妒的特点是自大、自私。当产生嫉妒心，并将其付诸行动的时候，往往是从害别人开始的，并以害自己而告终。因此，当你的同事有升职、加薪后，你应该拥有宰相肚里能撑船的气度，必须胸怀大度，学会换位思考，多从对方的角度想一想，试着接纳对方，而不是对抗对方。

（3）快乐工作。快乐可以治疗嫉妒之心。换句话说，我们要积极地从日常的工作、生活中寻求快乐，让快乐驱走坏心情。快乐是一种情绪，嫉妒也是一种情绪。在快乐与嫉妒面前，智者当然会选择快乐地工作了。

（4）分散注意力。分散注意力是一个行之有效的方法。当你全身心地将时间花在了工作上后，就无暇顾及别人的事情了，也就不易产生嫉妒之心。因此，可以积极参与各种有益的活动，或者更换环境，让自己充实起来。这样嫉妒心便不会滋生和蔓延了。另外，也可以找一些理由安慰自己，使自己不再嫉妒别人，比如告诉自己"我的运气不太好而已""这样的成功没有什么价值"等，以此排解心中的不满，避免产生嫉妒心。不过需要强调的是，这种方法只是权宜之计，治标不治本，不能频繁使用，否则可能又会产生其他消极的心理障碍。

（5）多和亲人、朋友交流。嫉妒心被看成一种病态心理，出现了病态心理重要的是让其得到释放，因此，可以多与人沟通，多和亲朋好友交流，将心中的不愉快释放出来，最好是能和自己的另一半交流，将会起到有效的开导作用。

（6）要看到自己的长处。在嫉妒别人时，往往看到的只是别人的优点，却没有看到自己的长处。心理专家建议："多多关注自己的长处，少拿自己的短处与别人的长处相比！"实际上，每个人都不会有绝对的优势，也没有绝对的劣势。当别人在某些方面超过你时，可以有意识地想一想自己比对方强的地方，这样可以为你失衡的心理找到平衡点。

（7）将嫉妒化为动力。嫉妒心具备两面性，一是消极的一面，二是积极的一面。是消极的还是积极的，关键在于嫉妒者本身的心态。如果能把嫉妒之心转化为追求成功的动力（当然是通过正当渠道获得成功），就能发挥出嫉妒心的积极作用，使你赶上甚至超过别人，从而获得成功。

较易产生嫉妒之心的人应该学会多角度思考问题。既然有自知之明，看到自己和别人的差距，那么就应该知耻而后勇，奋发图强，而不是嫉妒别人的好。"箭欲长而不在于折他人之箭""山外有山，人外有人"，每个人都有长处和短处，我们不能拿自己的短处跟别人的长处做比较，但短处永远都不会只是短处，多向他人学习，提高自己的能力，总有一天会迎头赶上的。

17
忘掉弗洛伊德，
放开自己

忘掉弗洛伊德，并非唆使你们忘掉弗洛伊德的精神分析理论，其本意特指摒弃类似弗洛伊德的"歇斯底里性格"。当然，并不是所有的人都患有歇斯底里症，但大部分的人或多或少都略带歇斯底里的性格特征。其中的自我中心主义常常表现在我们的人际交往中，实际上，每个人都有以自我为中心的意识，只是表现程度不同而已。不管其程度如何，这种意识都会成为体谅、理解别人的障碍。无论是自己本身带有自我中心主义还是他人带有自我中心义，我们都要力求摒弃这样的性格，才足以营造轻松、愉快的工作生活环境。

自我中心主义者最大的特点是："我是太阳，所有的星星、地球、月亮都得围着我转。"无论是在日常生活中，还是在工作中，我们都不难发现有这样一些人，他们存在着过于浓厚的自我中心观念，凡事都只希望满足自己的欲望，要求人人为己，却置别人的需求于度外，不愿为别人做半点牺牲，不关心他人痛痒，表现为自私自利，损人利己。要求所有的人都以他为中心，并且绝对服从于他。他们只要集体照顾，不讲集体纪律，否则就感到委屈、受不了。却不愿从客观实际出发，不能服从他人及集体。这种人强烈希望别人尊重他，却不知道自己也要尊重别人。这类人的典型表现是：我的意志高于一切，别人都要服从我。他对自己的态度是：自以为是，自高自大，为所欲为；对别人的态度是：强人所难，赶鸭子上架，从不顾及他人内心感受。首先，自我中心主义者只关心自己的利益得失，而不考虑别人的兴趣或利益，完全从自己的角度、从自己的经验去认识和解决问题，似乎自己的认识和态度就是他人的认识和态度，盲目地坚持自己的意见。由于这种人时时事事都从自己的利益出发，不顾及别人，有事则登三宝殿，而不求于人时，则对人没有任何感情可言，貌似人人都是在为他服务的。然而，人与人交往讲求的是"我为人人，人人为我"，更讲求的是"礼尚往来"，而不是一味地只获取不付出。其次，自我中心主义者在群体中总是以自己的态度作为别人的态度向导，他人都应该与自己的态度一样，而且这种人在明知自己错误、他人正确时，也不愿意改变自己的态度或者虚心接受他人的态度。因此，他们难以从态度、价值观的层次上与他人进行交往。最后，自我中心主义者具有极强的自尊心，无论发生什么事，都不愿损伤自己的自尊，极力维护自己。因此，他们不希望也不愿意他人在自己之上，对他人取得的佳绩是十分的嫉妒，对他人的失败是极其的高兴。

无疑，这种自我中心意识于己是极为不利的。这会严重影响一个人的自我形象，也影响良好思想品德的形成。以致被人厌恶、瞧不起。由于一门心思都放在蝇头小利的追求与意义不大的个人得失上，没有崇高的理想、远大的目标，因而也不可能拥有良好的人际关系。试想一下，谁愿意与这样的人长期地共事或终生为伴呢？可以这样说，这种人到头来得到的只能是芝麻，而失去的是西瓜。

自我中心的产生主要包括内部原因和外部原因。内部原因的主要因素是自我意识，而自我中心是在身心发展过程中随着个性的发展而形成的，是自我意识发展的畸形产物。人的自我意识的发展是以特定的生理和心理发展水平为前提的，从知道自我与外界的区别到自我评价，再到自我理想。当个体进入青春期时会引起生理、心理的急剧变化，这是自我意识发展的里程碑。在这一发展过程中，一些人死守自己的一切自尊，将自己困在狭窄的自我当中，极力建立一个完美的形象却又无力独立作战，而强烈的自尊使他们不愿意接受任何人的援助之手，自以为是，将自己当作成熟的人，由此而在人际交往中处处表现为以自我为中心。自我意识的畸形发展主要受之于家庭的教养。现在的孩子，个个都是自我中心主义者。这都是家庭社会教育的结果。当一个孩子呱呱落地时，他的周围站满了各式关心他的人——爷爷、奶奶、外公、外婆、爸爸、妈妈，在日后的养育过程中，他被视为家庭的中心、掌上明珠，久而久之，孩子就变成了一个"小皇帝""小太阳"，别人要得跟在他屁股后面围着他转了。

外部原因是指人格形成以外的因素，主要表现于自恋狂、优越感等。

自恋狂。自我中心主义者往往在某些方面有超人之处，如智力非凡、能力超群、拥有与生俱来的天赋。正是因为有这样的禀赋，才能在他人面前桀骜不驯，不把任何人放在眼里，所以他自己怜惜自己。美国心理学家埃里希·弗洛姆把人的自恋分为两种，一是良性自恋，二是恶性自恋，自我中心主义者属于后者。

优越感。自我中心主义者要么是有钱有权有势，要么就因长相漂亮或是有一技之长，因此自觉高人一等。希特勒曾经自认为日耳曼民族属于优等民族，自我中心主义的膨胀也就引发了残酷的战争。

那么，那些自我中心主义者怎样才能克服这种自我中心意识呢？关键因素在于自己，必须要改变自己的认识。第一，要坦然面对社会现实。每个人有每个人的需求，但并不是所有人的需求都能不触碰到他人的安全阀。因此，面对这一事实，我们没法去改变，只能去适应，而最好的方式就是互相谦让。当双方发生矛盾时，各自让一步，所谓的"退一步海阔天空"，事情就能得到解决。在满足自我欲望的同时，我们不能为了一己私利，只顾自己，而忽视了他人。第二，学会换位思考。多站在他人的角度思考问题，学会凡事尊重、帮助他人。只有为别人考虑了，才能获得多方的帮助。第三，加强自我修养，认识自我中心意识的不合理性和危害性。学会控制自我的欲望与言行。把自我利益的满足置身于合情合理、不损害他人利益的可行的基础之上。做到把关心分点给他人，把公心留点给自己。

18

相信0.8
大于1.0

　　我们的欲望是无限的，现实永远无法满足对欲望的追求；我们的工作也是永远做不完的，而人的一生却是十分短暂的。从孩提时到读书毕业，一共花去20余年；毕业后工作直至50岁退休，一共花去30余年；剩下的时光安度晚年，保守估计20余年。人的一生有三分之二的光阴都在奋斗，只留下短短的数十年来享受人生。我们一直都在倡导"一劳永逸""先苦后甜"的思想，从未摒弃。我们一旦劳作或一旦吃苦便花去了大半人生，花去大部分的时间追求物质财富，换来的是短暂的精神享受，站在价值观角度来讲，这是符合道德标准的，否则便会受到世人的唾弃。如今的我们总是一副向前冲的样子：为了不迟到，走路向前冲；为了赶时间，在快餐店里狼吞虎咽；为了不错过客户，谈完西环的王家赶往东环的张家。我们每天都在跟时间赛跑，脑海里似乎有个"紧箍咒"："快一点，再快一点。"我们在为生活疲于奔命的时候，是否思考过自己有没有一天真正生活过。这样的快节奏生活在北京、上海、广州、深圳等城市屡见不鲜。

　　弗洛伊德的潜意识理论讲求的是一切遵循唯乐原则，设法通过各种途径追寻快乐，享受幸福，不愿被痛苦所缠绕。但一个人的人格分为自我、本我和超我，本我（即潜意识）受到超我的束缚。超我要求自我按照道德标准、社会规范行事，禁止自我去实现本我的唯乐愿望。人们在现实生活中奉行的是先苦后甜、有劳才有得的各种原则，而追求完美也成为一种时尚。

21世纪是一个充满竞争的时代，生活的多样化、复杂化和社会关系的错综复杂让人们的生活、工作、婚姻以及家庭发生了巨大的变化。人们在享受幸福生活的同时，也承受着各种巨大的压力。在市场经济条件下，人们废寝忘食地工作，出现了身心"透支"现象，社会竞争形成的危机感、风险感、失落感，人际冲突造成机体机能下降以至生理机能退化。当前普遍存在的一种状态，尤其是在上班族当中，就是我们耳熟能详的"亚健康"。

亚健康介于健康与疾病之间，是一种生理功能低下的状态。亚健康人群普遍存在六高一低，即高负荷（心理和体力）、高血压、高血脂、高血糖、高体重、免疫功能低。常见症状多变不固定，情绪低沉、心绪浮躁、易感疾病、情绪不稳定、失眠等，亚健康状态多由于人体生理性能或代谢性能低下、退化或老化所致。这种疾病的状态，现代科学称为"亚健康"或"第三状态"，在中医中称为"未病"。"未病"不是无病，也不是可见的大病，按中医观点而论是身体已经出现了阴阳、气血、脏腑脾胃的不平衡状态。亚健康状态积累到一定的程度便可转化为疾病，若在形成明确的病理改变之前就进行有效的防护措施，则能够走向健康。导致社会亚健康广泛存在的原因是多种多样的，大致包括自然环境、社会环境、饮食因素和不良生活方式。其中社会环境是诱发亚健康的主要原因。由于快捷的生活方式、繁多的社会信息刺激使人的交感神经系统长期处于亢奋状态而导致植物神经功能失调所引起。按照生理学机理，快节奏的生活作为一种应激刺激，引起交感神经兴奋后肾上腺皮质系统分泌增加，血中肾上腺素、糖皮质激素等升高，呼吸、心率加快和血糖升高等，本来是机体一种"应急"反应，一种保护性机制，但就是因为这种快节奏的长期刺激，从而引起了交感功能长期亢奋，疲劳而失调，引起了不良反应。据调查统计发现，这种失调若持续发展，可进入"潜临床"状态，将会呈现出某些疾病的高危倾向，潜伏着向某病发展的高度可能。在人群中，处于这类状态的超过1/3，且在40岁以上的人群中比例陡增。他们的表现比较错综复杂，可为慢性疲劳或持续的身心失调，包括前述的各种症状持续2个月以上，且常伴有慢性咽痛、反复感冒、精力不支等。也有专家将其错综复杂的表现归纳为3种减退：活力减退、反应能力减退和适应能力减退。从临床检测来看，城市里的这类群体比较集中地表现为三高一低倾向，即存在着接近临界水平的高血脂、高血糖、高血粘度和免疫功能偏低。

国内外的研究表明，现代社会符合健康标准者也不过占人群总数的15%左右。人群中已被确诊为患病，属于不健康状态的也占15%左右。如果把健康和疾病看作是生命过程的两端，那么它就像一个两头尖的橄榄，中间凸出的一大块，正是处于健康与有病两者之间的过渡状态——亚健康。

亚健康的盛行泛滥仅仅是人们追求完美生活、工作一百分的恶果之一，但由于它受到了社会的高度认同、人们的广泛议论，故笔者在此处将其作为一例证进行讨论。

20世纪70年代，有两位美国心脏病科医生在长期接触病人的过程当中，他们发现了很多病人都有一种共同的特殊行为模式：他们的行动匆忙，时间观念紧，总觉得时间不够用，人际交往中时常对别人怀有敌意，相互之间拥有强烈的竞争意识。情绪比较躁动，易被激怒，愤世嫉俗，心脏病发作的概率较大。医生称这种行为模式为A型行为模式。与之相反的另一种行为模式：不急不躁，心平气和，不好于竞争，心脏病发病概率较低，医生称其为B型行为模式。通过比较分析，医生认定A型行为模式是导致病人得心脏病的主要原因。之后，许多学者对这种行为模式和冠心病的关联进行了大量实证研究。结果发现，A型行为模式的人比B型行为模式的人更易得冠心病。而且，其他学者研究证明，病人的A型行为特征越典型，他的冠状动脉病变指数越多，程度也越严重。

　　近几年来，我国医学研究也证明了同样的事实，诱发高血压的因素跟冠心病的类似，也是心理社会因素。人们长期处于焦虑、紧张的心理状态，极易诱发高血压。比如急躁易怒型和敏感多疑、爱生闷气型性格的人易得高血压（原发性高血压）。虽然这些患者生气的方式各有不同，但是都因性格急躁，常为小事斤斤计较而影响心血管系统的平衡，使心血管系统处于紧张状态，进而导致高血压的发生。专家建议，改善自己的不良情绪，调和自己的不良心态是防治冠心病、高血压的重要途径。

　　随着科学技术的发展，特别是医学知识在社会中的普及，人们逐渐对身体健康给予了很大的关注。在实现了物质财富的前提条件下，人们对精神财富的追求已经远远超过了物质财富。人们看到了各种因病而亡的事件，从而也开始了对自身身体的关注。我们以"0.8生活学"为例，这个从医学健康衍生出来的生活观告诉我们：不必每件事都做到十成，尽80%的力气就好，剩下20%的力气权当回旋的余地和养精蓄锐的本钱。这就是笔者所谓的0.8大于1.0的道理。0.8生活学的真谛是：生活需要冲，更需要缓冲。

　　什么是0.8生活学？人人都想用100分的努力换100分的成功，0.8生活学则说了，为什么非得那么累啊，拿80分就很不错了。中国有句俗语，叫作"人活八分饱，花开九分艳"。也就是说，凡事我们都不要做得太满，要适当为自己留点儿空间。月盈则亏，水满则溢，凡事八分就好。这与流行的"0.8生活学"有着异曲同工之妙。"0.8生活学"告诉我们，不必对每件事都付出全力，而是尽八成的气力就好，剩下的两成气力可当作回旋的余地和养精蓄锐的本钱。"0.8"是一种生活态度，凡事不求完美，但求八分好：吃饭八分饱，让胃部吸收得更好；做事出十分力气，只抱八分成功期望；爱一个人，留两分自由呼吸的空间给对方；"0.8"的生活态度并不是不进取，而是给自己留一点点空间，让自己能坚持走得更远。

而眼前，"0.8生活学"广泛地流行于职场。职场上各式各样的例子无不给了我们莫大的警示。

小李目前是做行政工作的，而在这之前她有过记者的经历。记者工作是在她毕业时找到的。起初的她认为做记者无须每天定时定点上班，懒觉也可以照常睡下去，于是乎心里颇感幸运。但好景不长，工作了一段时间后小李发觉这份工作并不适合她。由于媒体工作的薪酬是按件计算的，所以要想得到工资，就必须发表新闻稿。尽管小李擅长写作，但还是会为每天发稿而发愁。出于这样的考虑，她毅然辞掉了记者工作，并且在另外一家单位顺利做上了行政人员。小李工作起来可以说是尽职尽责、兢兢业业的，但她讨厌单位加班。每次加班她都会抱怨："我正常工作时间能把手头工作做好，干吗要加班装忙浪费时间啊？"小李在单位最忙碌的时候是举行会议或年终总结时。虽说单位有正常上下班的时间安排，但领导始终还是不满意员工按时上下班的举动，特别是按时下班，因此领导常常会给小李等员工安排其他活干，比如说是编写材料、整理资料等。可是小李坚持按照自己的原则做事，不加班就是不加班，小李曾对领导说："我不会加班拖拉来争取印象分，只要时间上不卡我，工作质量我可以保证。"由于小李是写材料的一把好手，领导也就接受了她的意见。小李照常上下班，周末跟男友逛街约会，在年末最忙的时候，小李也依然坚持个人生活与享受。小李承认自己不是工作狂，因为在她看来，工作并不是生活的全部寄托，自己需要保留一点，这样才有回旋空间，工作也便有张有弛。

人们普遍认为，趁着年轻，在事业上应该努力奋斗，卯足劲地往前冲。为了自己的事业而奋斗是毋庸置疑的，但在奋斗的过程中我们也需要休息，因为暂时的歇脚是为了走更长的路。所以，工作上也应讲究张弛有度。为此，0.8生活学在职场也受到了不少白领的追捧，但也不乏有许多反对的声音。反对者认为，这种生活学本质上是在纵容自己的惰性，是在给自己找各种怠工的理由。而奉行"0.8生活学"的白领则认为，"0.8"的生活态度并不是不进取，而是给自己留一点点空间，让自己走得更远。

"0.8生活学"所包含的领域不仅仅是职场，还应包括生活、时尚、学习、恋爱、友谊、玩乐、消费、人脉、表达等，这样的生活原则是"放之四海而皆准"。在这里，笔者将着重讲述生活、饮食、休闲和爱情的0.8原则。

"0.8生活"鼓励人们做事要有侧重点，不参加不必要的应酬和无用的项目，重点工作，简单生活，看淡名利。那些已经被各种压力摧残的职场人士也不妨留两分气力给自己思考，梳理梳理自己的心情，让工作更有效率。

"0.8饮食"提倡人们吃八分食品，即烹饪时用八分油、八分盐，吃到八分饱。"0.8饮食"追求的是一种饮食平衡，崇尚的是一种生活环保，是人们对生活节奏的自主意识。"0.8饮食"注重的不是食材的昂贵稀有，而是食材的搭配和谐、餐具的简洁干净、背景音乐的悦耳以及人们用餐时的心境。"0.8饮食"代表的是内心回归到生命的原点。当你静心沉淀去寻觅，并在缓慢时光中细细品尝，那就是属于自己的味道。

"0.8休闲"。现代人的休闲方式是一起出去狂欢，去迪厅蹦迪，去KTV狂喊，最后是一哄而散。这种过度宣泄的休闲方式既不入时又有损健康。每逢周末，你可以邀上几个好友到一些有情调的茶艺馆或咖啡馆聊聊天、谈谈心事；阳光明媚时可以驾车兜风、郊外钓鱼、体验采摘等农家之乐。总之，要放缓自己的生活节奏，让身心一同得到放松，这才是"0.8休闲"的核心所在。

"0.8爱情"。爱情宛如一瓶窖藏的酒，窖藏的时间越长味道才会越醇，美好的爱情需要成长的空间。多给自己一些时间，多给对方一些机会，先别妄下定论。一段感情需要时间的不断磨合才能绽放光芒，而两个人需要不断的接触和了解才易天长地久。在爱情里，不必竭尽全力和想方设法地去讨好爱人，留下两成空间给自己，懂得爱自己，才能让对方更爱你。留些力气爱自己，才会有能力去不断地付出爱和享受被爱。

"0.8生活学"告诉我们的是换种生活态度，而不是告之我们该为之而不为的思想，否则这样我们是不能倡导的。它也不是要求我们去逃避生活、逃避工作，而是想告诉我们应该让生活和工作更加协调、更加合理，同时也是让我们的生活和工作充满更多的希望。

第四部分

释放本我：
生活很简单

不知道你有没有仔细想过，为什么我们每天几乎都能在街头巷尾的大小报上看到我们的同胞因为无法承受生活的打击和重重压力而选择了结束自己的生命？有的人选择从高楼上往下重重地一摔，就永远与世界道别；有的人选择服用大剂量的药物来挣脱那些压得他们喘不过气来的生活压力的魔掌；更有的人选择放纵自己在挑战道德界限悬崖边，在自己即将蓄意成为社会公敌的同时还无故拉上那些无辜的人们，一起成为他们堕落的陪葬品。如今，我们总能看到，在大学里，因为无法承受不能拿到毕业证的打击，总有这么一些毕业生令人扼腕叹息地选择了跳楼的；富士康员工十三跳的惨剧给那些正准备就业或者刚刚就业的同胞们造成了不小的心灵创伤，给社会的大荧幕蒙上了极大的阴影，这些悲剧的产生绝大多数都是人们无法正视追求"本我"的尺度的结果。换句话说，也许我们认为的不断追求"超我"的现实生活也不过是"本我"的另外一种"戏弄"我们的手段。我们总是认为自己在不断向更高层次的方向发展，却忘了追寻"超我"本身的意义。如果急于将"本我"捆绑在"超我"的船上，它不但不能安全地将你载向幸福的彼岸，也许还能将船弄翻，让你在半路就溺水。

　　我们的同胞，包括我们自己，每天都会被生活的各方面压力所烦恼，这是我们来到世界上证明我们还努力活着的依据。因为如果我们感受不到生活带来的压力，体会不到生活本身的价值（那些选择轻生的人们也许就是在理解生活本身的意义时候转不过弯，或者是钻了牛角尖），我们也就不会这么纠结于生活到底要告诉我们什么哲理，告诉我们从呱呱落地开始就要一步步学会与生活做谈判、争执、反抗，甚至妥协。就像人们常说的：生，容易；活，容易；生活不容易。我们需要对生活中所感到的压力有一个理性的认识。压力在某种意义上是子虚乌有的东西，无论外界有什么，必须经过人内心加工才会变成压力。一件事是否成为你生活的压力，关键在于你在处理它时的心态。我们应当认清本我的含义是什么。

本我是人格中最早，也是最原始的部分，是生物性冲动和欲望的贮存库。本我是按"唯乐原则"活动的，它不顾一切地寻求生理的满足和快感，而且这种快乐特别指性、生理和情感的快乐。

本我是本能冲动的根源，指原始的、非人格化的无意识行为而从完全无意识的精神层面而言，它包含要求得到眼前满足的一切本能的驱动力，就像一口装满沸腾着本能和欲望的大锅。它按照快乐原则行事，急切地寻找发泄口，一味追求满足。本我中的一切，永远都是无意识的。

但"本我"在人的一生中与"自我"和"超我"也有着密不可分的联系。有个网友对"本我""自我"和"超我"做了如下的解释，特别地描述了三者的关系：我，原本只有一个我，就是每个人都可以实实在在看到的我，本我便是承认我的一举一动，一言一行都代表了我，我并不是别人。在我内心总住着这样一个我，他对本我的目前状况并不是很满意，因为总是尝试理性而友好地说服本我什么该做，而什么不能做，这个我显得有点唆唆，不够爽朗，因此这也时常让本我感到恼火，不愿这样受束缚。当然，我也为本我的不听劝导感到极其苦恼，不知所措。但是我总想有朝一日能够找回真正的我，这便是自我。同时我的身体内还有另外一个我，或许根本就不是我，因为这个我总想高高在上，总是一副领导者的姿态并想让人折服，试图干涉一下另外两个我的自由，为的是要指导自我，限制本我。但是奇怪的是，这个我的威严居然也能让另外两个我敬畏而丝毫不敢侵犯，这个地位极高的我就是超我。平日里，本我、自我和超我，共同生活在一个肉体上，大多的时候它们都相安无事，各司其职，不怎么侵犯他人的自由，各自都有良好的职业操守，对这种既定的等级和层次关系一般都是服从的；但也总有不遵守这种规则的时候，有时本我会试图挣脱这种束缚，想豁出去一把，想试着颠覆这种层级关系，本我一旦这么做，就会让自我这个时候很矛盾，它还得考虑一下超我能够承受的范围，因此还得对本我的过激行为进行劝阻，而最悠然自得的便是超我了，它总是那么的洒脱，对本我的幼稚和自我的无能总是一副泰然自若、心如止水的的姿态，表现出极高的正义感和神圣感。但是，在对待对于谁才是真正的我的问题时，它们也会时常进行不停的争论，甚至争得面红耳赤。

如果我们学会释放"本我"，是否就能够为"自我"和"超我"做些什么呢？我们该如何释放"本我"原本不可撼动的地位而将生活装扮得简单一些呢？本法则将对这些问题进行一一剖析，并寻求解决的办法。

19
认清自身隐藏的
"本能欲望"

弗洛伊德的本能学说其实有一个变化的过程。在思想的前期，他将人的本能分为自我本能和性本能两种，这两个对立的本能构成了力比多理论。然而到后期（1920年），他却认为这两种本能可以归结为一种，那就是爱欲本能（生的本能）。与之对立的就是破坏的本能（破坏本能）。在发现爱欲和破坏这两个对立的基本本能之后，用它们的相互关系和作用来看待和分析施虐狂和受虐狂的现象，是非常具有现实意义的。这种残酷的社会现象使更多的人能更加深入地了解被害者（其实施虐者本身也是其本能的受害者）内心的世界，因而能做身心深处给予他们极大的心灵关爱。这种本能的思想转变首先明确表述出现于《超越快乐原则》一书中：我们还是有理由认为，以前的观点，即认为精神性神经症由自我本能和性本能之间冲突所引起的观点，今天来看是无可厚非的。问题只在于：以前是把两种本能之间的差别看作是性质上的差别，而现在则应把这种差别看作是形态学上的差别。

弗洛伊德认为，本能并不是一种纯精神的概念，它介于心理和躯体之间的概念；它是刺激的心理表征，这些刺激源于有机体内部并触及心理；它是心理活动需要量，是身心互相连接的最终表现。本能的概念中既有精神，也有物质；既有心理，又有生理或肉体。

人的本能刺激并不是来自任何外部世界的冲击，而是来自于人的有机体内部结构。因此我们要想逃避它是绝对不可能的。人类本能的"追求"在任何条件下都是为了满足人的欲望，一旦这种满足的感觉逐渐消失后，其又被人自然而然地压制或者转移到其他方面的需求了。弗洛伊德也认为，本能大部分情况下还是同外部刺激联系在一起的。换句话说，本能本身的一部分也是由外部刺激驱动的，这是由种系发展过程给生物体带来的诱发引起的变异所导致的。本能体现着作用于心灵的肉体欲求，本能虽是所有活动的终极原因，但其本质具有守恒性，有机体不论达到什么状态，均产生一种趋向，即那种状态一经消除，就能重新建立起来。本能显示了一种恢复事物早期状态的努力；我们可以假定，在事物已获得的某种状态被搅乱时，一种本能就会产生出来重新制造那种状态，并产生一种"强制性重复"的现象。本能是有机体生命中固有的一种恢复事物早先状态的冲动。而这些状态是生物体在外界干扰力的逼迫下早已不得不抛弃的东西。也就是说，本能是有机体的一种弹性表现，或者可以说，是有机体生命所固有的惰性的表现。

目前，国内外的许多专家都对人的本能需要作出了积极的研究，目的就是在于揭示人们的内心欲望和心理期许，帮助他们认清真正的自我，给予心理学界对社会上的心理病态人群的治疗一定的帮助。例如：美国俄亥俄大学的一项研究证实，人类所有的行为都是由15种基本的欲望和价值观所控制和"指使"的，这也许是人类第一次将自己的行为列出一个清单。虽然在弗洛伊德的眼里，人类一切行为的背后只有一个字——性，而俄亥俄大学的心理学家则认为，性和好奇心、仇恨、荣誉感一样，是行为的驱动力，它们都构成了人类生活中重要的部分。

心理学和精神病学教授史蒂文·赖斯说："几乎人类想做的每一件重要的事情都可以分解为15种欲望中的一种或几种，而且大都具有其遗传学基础，这些欲望引导着我们的行为。"研究人员还发现，不同的人对这15种基本欲望的要求程度是不一样的。列如拿性来说，性几乎对每一个人都是欢愉的，但对每一个人的驱动力却并非一致，有的人终其一生沉醉其中；而有的人则在这方面投入甚少，甚至对其产生抵抗和冷漠心理，这就是我们日常生活中所谓的"性冷淡"。因而其他欲望也是如此，有的人一生旨在追逐成功；有的人却淡泊名利，视之如粪土。有的人重视亲情和家庭，其生活的重心都围绕着它转；有的人则是"工作狂"，终日泡在电脑前或者会议中，享受着工作成果带来的无限喜悦和满足。这15种基本欲望和价值观是：（1）好奇心：学习的渴望是不可抗拒的。（2）荣誉感（道德）：据此构成一个完整的社会结构。（3）性：弗洛伊德将之置于"清单"首位，体现了其无可取代的地位。（4）体育运动：肥胖者们可能一时间意识不到，但人们对运动的渴望是天生的。（5）独立：对于自我表现的渴望。（6）复仇：就像莎士比亚笔下的哈姆雷特王子那样。（7）秩序：人人都希望在日常生活中占有一席之地。（8）家庭：这与家人共享的欲望恐怕不适于忙碌的CEO们。（9）社会声望：对名誉和地位的渴望。（10）社会交往：渴望成为众人中的一分子，即使这意味着在商业街无目的地闲逛。（11）厌恶：对疼痛和焦虑的厌恶。（12）公民权：对服务公共和社会公正的渴望。（13）力量：希望影响别人，常常在独裁者身上被过度表达。（14）被社会排斥的恐惧：这令我们守规矩，讲道德。（15）食物：对食物的渴望无须赘言。

以上所列举的种种欲望都在人们的日常生活中占据着重要的位置，如果缺失一两种欲望，这类人群则被当作大多数人眼中不正常的人群，这可能就会对其整个人生都是一种遗憾和缺陷。同时，如果在以上列举的欲望中有一两种欲望的诉求的比例比其他的欲望高出很多的话，则这类人群就会被定义为"狂"的类型。我们日常生活中所说的"工作狂""偏执狂""购物狂"等都是这种类型的人群。这类人群如果得不到心理专家的重视和治疗，将会对社会秩序造成一定的困扰，对身边的人造成重大影响，同时也促使了社会的犯罪率的提高。

林子大了，什么鸟都有，当今社会纷繁复杂，随着经济社会的高速发展，科技文化的飞跃进步，人的心理也逐渐显示出不同程度的病态。这也许是社会进步和文明发展所"犯"下的罪行，因为它们的出现对于人类本能欲望的诱惑实在太深，范围太广，影响太大，使人们为了要和身边的人进行欲望的索取的竞技而逐步丧失了理智和明断，最终只好被这些欲望牢牢捆绑，沦为它们卑微的奴隶，听从它们对人类发起的生理和心理的残酷摧残。施虐狂是现代社会中普遍表现的严重心理疾病。如果不认清它的本来面目，忽略了它形成的重要背景，任其泛滥成灾，就会对社会秩序的稳定和人们利益的保护形成巨大的威胁。

产生施虐狂的主要原因是什么？精神分析学派都认为是本能的作用，即性本能与残酷行径之间是有一定的紧密联系的。换句话说，施虐狂是指死亡本能向人体体外的异常转化，它是破坏力量与性力量的相对融合；施虐者可能在生活中曾遭受到严重的挫败和凌辱，或者遭受过异性的无情拒绝和巨大侮辱，因而形成强烈的报复和消极反抗心理。这种攻击性内驱力在性心理发展的每一阶段均有表现，于是就出现了弗洛伊德创制的口欲期施虐欲、肛门期施虐欲、性蕾期施虐欲等概念。变态的施虐者的施虐行为也有可能出自自卑感的产生的补偿作用，当一个人存在某些性格缺陷或原本的家庭不完满，因而报复性地对异性采取暴行，以发泄其深深隐藏着的性欲，以此来展现自己男性优越感。那什么是受虐狂？受虐狂指的是一种通过受到别人（通常是指异性）施予的身体上的痛苦和凌辱而发泄其情欲并获得性满足的性变态者。换句话说，大部分具有施虐倾向的个体同时也具有受虐的强烈渴望，特别专一的施虐者或受虐者在日常生活中是很少见的。通常同一个体内部既存在施虐行为，又存在受虐行为，在很多欧美伦理影片中我们通常可以看到这样的景象：尽管主人公在性活动中残暴地虐待性对象，但同时他又要求性对象以同样残暴的方式虐待自己。这种表现可看作是同一性变态的两种不同方面，而受虐欲一般是该病态者指向自身的施虐欲。

关于施虐狂的心理案例在我国众多的影视剧作中的表现可谓是丰富多彩，各显特色。它们的出现是对我国频繁出现的社会问题的深刻剖析和体现，可帮助人们更清晰地认清身边的心理失衡的人群，在对他们给予关怀和重视的同时，也能学会保护自己和亲友的正当利益。

例如，有关家庭暴力题材的电视剧，比较成功和引起观众关注的并不多，但热播于2002年的《不要和陌生人说话》，确是一部相当成功的电视连续剧。它不仅讲述了一个由于种种原因而化身为一个变态施虐狂的医生，而且还揭示了现代社会里严重的社会问题：家庭暴力问题。家庭暴力问题是一个世界性的社会问题，由于它特定的隐蔽性，往往成为道德和法律的死角，不为人所重视。然而一个文明社会的建立，对这一问题的存在绝不能采取掩耳盗铃的态度。法律也许无情，道德也许无能，然而文学艺术却是可以有一番作为的。用文艺的方式关心这一问题，反映这一问题，以期唤醒人们的注意，自是义不容辞的责任。然而长期以来，我们却很少看到反映这一问题的作品问世。就此而言，《不要和陌生人说话》不仅具有开创性的意义，而且拓宽了电视剧艺术的题材领地。编导并没有过多地展示家庭暴力的场景，而是独具匠心地刻画了男女主人公的心路历程：安嘉和小的时候吃过很多苦，他之所以演变成一个心理变态行为怪异的男人，是与他对爱情和婚姻的态度密不可分的。他把妻子当作私有财产，不但不准她同陌生人讲话，还限制她的人生自由；而女主人公梅湘南本来是一个漂亮多情的女子，她本以为嫁给知识分子的安嘉和就已经和幸福结缘了，没想到丈夫却是一个暴君！他由最初的逆来顺受转变为顽强抗争的女子。她一次次出逃，身上的一道道伤痕也无法阻止她捍卫女权、人格和尊严的脚步。这只是家庭暴力的一个缩影，不论是我国的城市还是农村，因丈夫殴打妻子而离婚的事件屡屡发生。所以，《不要和陌生人说话》这部电视剧的热播，受到众多观众的青睐是理所当然的。

　　这部曾撼动了无数人的心灵的电视剧透视了一个知识分子家庭惨不忍睹的内幕，让无数人不断反省自己身边是否也会有像主人公安嘉和那样心理变态的人。故事情节其实并不复杂，它主要通过深刻揭露男主人公安嘉和与女主人公梅湘南这对夫妇在情感上的不合拍的生活经历和由此引发的无数内心纠结。按正常人的思维来说，原本就在医生的岗位上事业有成并且取得了甜美娇妻的的安嘉和应该是一个很有道德修养的人，但是他偏偏又是个妒忌心极强，总是小肠鸡肚的伪君子，自从迎娶了担任小学教师的温柔贤惠的梅湘南做妻子后，他的提防心理和吃醋心理达到了令人难以忍受的程度。剧中最经典的情节是他对自己的妻子有一个很荒唐和无理的规定：不准和陌生人，特别是不准和陌生的男人说话！这是侵犯妻子的人权，而且真是令人啼笑皆非。其实，不和陌生人讲话还算不了什么大事，他动不动就无端地向梅湘南发脾气，经常大声斥责，而且外加拳打脚踢，打得她皮开肉绽，痛苦不堪。但在外人看来，安嘉和却很善于伪装自己，在人前总是对梅湘南好得让人人都羡慕不已，在工作上又是一个尽职尽责的好医生。道貌岸然是他的特点，白天把自己伪装得像个正常得不能再正常的人，但是一回到家关上门情形就完全变了样。同时，他的行为无意中被一个偷窥者拍成录像。当偷窥者拿着录像带找他敲诈时，他却失手将偷窥者杀死，于是他变成了杀人犯。女主人翁梅湘南因为爱隐瞒了过去（曾遭强暴），受到丈夫的猜疑。遭到暴力后，她又因传统的"尊严"和残存在心底深处的爱，努力维系着家庭的完整，祈盼丈夫的转变。结果，却遭到丈夫更深的猜忌和更为恐怖的暴力。终于，她从逃避走向反抗，走向为维护自己的正当权益和真正尊严的斗争道路。

　　仔细看过这部电视连续剧的观众会发现，该剧大量采用了巧妙的拍摄技巧，并且大量借助侦探小说里常用的手法，剧情时而迭宕起伏，扣人心弦，时而舒缓平静，让人感叹男女主人公的恩爱假象。这部电视剧最成功的还是对男女主人公心理的深度刻画。性格变态的安嘉和由事业有成的医生俨然演变为不折不扣的家庭暴君，而随之而来的便是梅湘南由柔弱的女子转变为誓死反抗家庭暴力的新时代女性，人物心理都刻画得惟妙惟肖，不得不令人叹服。因此，看完这部电视连续剧后我们的心情可能感到有些沉重，因为它触动了我们内心深处的伦理道德底线。就算在当今大胆倡导男女平等的中国，根深蒂固的大男子主义还有相当大的存在空间，我们也会经常遇到他们动不动就对自己柔弱的妻子破口大骂，甚至拳脚相加，但是有时候这样的家庭暴力仍旧不被外人所鄙视和呵斥。他们总是用一句"清官难断家务事"，就把这些问题一下子抛开了。不过现在提倡男女平等，法律给了那些柔弱女子说话的自由与权力。但是，这仍然需要女性进行自我的觉醒与抗争，除了运用法律，每个女子都应该毫不畏惧地捍卫自己的人权。

　　施虐狂的产生也许是一段漫长而又坎坷的路程。这与一个人从小的痛苦经历和挫折有关。我们且不论安嘉和小时候是否受到过很强烈的心灵创伤，让他对家庭产生一种渴望而又害怕失去的矛盾心理。但是也许他原本就是社会的一个受害者，一个饱受心灵摧残和思想折磨的精神病患者。每一个现象总有导致它的原因，而且这种原因会依次导致其他惨剧的发生。据网上的评论说，该剧演绎的是亲人之间的自我救赎的情节，鉴于此，很多观众不禁暗笑，他们搞错了吧？到底是谁要拯救谁？令人不解的是，导演并没有把安嘉和看成是一名犯了家庭暴力和杀人罪犯来塑造，而是将他作为一个内心活动和步步被逼为罪犯的"无辜人"来刻画的。当然，剧情的成功离不开演员对人物的炉火纯青的把握。观众既看到了安嘉和作为人的合理性的一面，高度理解他的复杂的病态心理。但值得一提的是，他并没有让观众因为理解他的心境而对他的残暴施以同情，这并不同于一般作品可能出现的负面效应。世界是复杂而多变的，也是容纳很多人物不同特点和个性的地方。人不可能只是以一种固定模式而存在，同时人物又各有特点，不可能是千篇一律地推崇一种个性。生活有张有弛，不可能永远都是你在拉霸王弓，而让别人服从你，因此我们要把握好尺度，不能让欲望的心到处游荡。

看国产电视剧，我们常常感叹，难有社会效益、经济效益双丰收的作品，但是《不要和陌生人说话》却一定是一部两个效益俱佳的作品。这样的作品多起来，国产电视剧的思想艺术品位就会大为提高。

《不要和陌生人说话》这部电视剧的播出旨在能够使中国家庭的暴力更少些，使千千万万个家庭温馨而和睦，夫妇能够和颜悦色地共同创造美好的生活。这样说至少有三条理由：一是题材独特，它以反映家庭暴力问题为主题。通篇围绕这一主题展开情节，铺陈人物，实在难得。二是样式独特，它是一部心理剧。它不仅有迷人的悬念，而且对人物的心理挖掘和展示已经到了相当深刻的境地。三是制作精良，富有艺术感。有此三条，可见这部电视剧是当前荧屏上的稀有物种。物以稀为贵，它理应受到观众的刮目相看。同时，它的播出能够让人们更深刻地了解其本身的欲望，学会控制欲望迸发时产生的犯罪的倾向心理，将对身边的人的威胁降低到最小程度。

20
用潜意识的暗示
重塑自我

　　潜意识对每个人来说都非常重要。它就像一个冲洗胶片的暗房，你外在的生活状态，都是从这个地方冲洗出来的。一个人，他要想被现在所处的世界所接受，就必须要重塑自己，不断适应新的环境，不停地学习。

　　弗洛伊德告诉我们，人们梦中出现困扰时总是会出现老者，殊不知，那便是人的潜意识深处的智慧，人们在清醒时通常会蒙蔽这种逻辑思维。也就是说，当你向他或她求助时，其实你就是向自己的潜意识深处的智慧寻求帮助，它给你提出的建议本来就是你在梦中苦苦思考所得的结果。虽然在梦中这些建议往往显得很离谱，但它们就像暗语一样需要人们去逐个解析。

　　所以，塑造自我，作为由内而外创建自己的新生活的举措，一定要重视自己的潜意识的暗示。当然，塑造出今天的你的，并不全是靠你的姓名、着装、父母、邻居或者是你乘坐的小汽车，更主要的是依仗你心中的那个信念或者信仰。它可以通过一点一滴的影响，将一幅又一幅的图景叠加在你的生活中。最后，将现实生活中的你塑造成了潜意识中的那个你。

　　有一位智者，身边有一大群慕名而来向他拜师学艺的学生。有一天早上天还未亮，四周一片漆黑。智者便来到学生们的房间，问了他们一个问题："你们谁能告诉我，什么时候才算是黑夜的结束，白天的开始？"

　　学生们面面相觑，不明白老师的话中之意。这时候有一个平时比较机智的学生回答说："当我们看见前面走过来一个动物，并能分辨出它是一只绵羊还是山羊时，就是黑夜的结束，白天的开始？"老师摇了摇头。

又有一个学生回答说："当我们看见远处的一棵树，并能说出那棵树是无花果还是桃树时，就是黑夜的结束，白天的开始？"老师还是摇摇头。

学生们在一阵猜测过后，终于忍不住问智者："老师，我们猜不出来，那您告诉我们黑夜是什么时候结束的？"

智者这时平静地回答："当你无论看到一个男人或者女人的脸，都能把他们当作自己的兄弟姐妹时，黑夜就结束了。如果你做不到，那么无论何时，你的心都在黑暗之中。"

这个故事告诉我们，是否可以重塑自我，并非取决于外界的环境是黑夜还是白天，而是完全取决于我们的内心。

从伦理学上讲，潜意识是一个道德中性的角色。它无所谓对错，远离一切善恶是非，你的一切习惯，不管对自己利弊如何，对于它来说都是无可无不可的。起作用的一直都是内在的思想，而不是外在的习惯。我们在不知不觉中把各种负面的思想滴加到潜意识里，日积月累，直到某一天，我们突然发现，这些阴暗的思想已充斥了我们的日常生活，占据了人际关系的每一个角落。事实上，现实生活中的麻烦事都是暗中积累，达到质变以后才爆发出来的，无一例外。

所以，要让你的世界发生改变，你就必须先改变自己的内心，这就是所谓的"诚于中，形于外"。只要你能够接受潜意识理论，你就会觉得，过去潜意识对你造成的那些伤害实在是无足轻重。

让我们一起来看五只狐狸的故事：

第一只是个脾气暴躁的狐狸。它看见了葡萄架，上面的葡萄颗颗饱满，它非常想吃，可不管它怎么努力却始终没有摘到。于是狐狸就破口大骂，埋怨把葡萄种这么高的人。而狐狸的谩骂刚好就被正在田里耕作的农夫听见了。于是农夫与狐狸便吵起来了，越吵越凶，后来，农夫一气之下将狐狸打死了。

第二只是骄傲自大的狐狸。它看见这么诱人的葡萄后，想着这肯定非它莫属了。于是，它左攀右爬，一直辛苦地够那个高高的葡萄，最后直接把自己累死了。

第三只是个忧郁的狐狸。当它看见那美味的葡萄，自己却无能为力，于是，悲从中来，整日在葡萄树底下郁郁寡欢。他越想越沉重，感觉自己连葡萄都吃不到，活着的意义也丧失了，最后找了一棵树，用绳子结束了自己的生命。

第四只是个多情的狐狸。它看见葡萄后，深深爱上了葡萄。于是它天天茶不思饭不想。整日凝望着葡萄架，日复一日，叶子黄了，爱情枯了，它也疯了。从此，人们常看见疯疯癫癫的狐狸，蓬头垢面，走街串巷，嘴里还念念有词：我爱葡萄爱得深沉，它却不愿给我一个留恋的眼神。

第五只是个很会自我安慰的狐狸。在它尝试了几次，都够不到葡萄时，它觉得自己确实无法改变现状了。于是，它停了下来，斜眼望了望葡萄，很不屑地说："这些葡萄看着就很酸，肯定不好吃，我才不吃，家里有更好吃的等着我呢！"然后它哼着歌回家了，虽然有一点遗憾，但至少心里不是很郁闷。

前四只狐狸都因为没有处理好期望与现实之间的关系，要么结束生命，要么精神失常。最后一只狐狸虽然没吃到葡萄，但它懂得自我安慰，心情照样不错。

吃不到葡萄就说葡萄酸，虽然这种心理一直被用来嘲笑那些得不到的东西就说东西不好的人，其实这是自我安慰的心理。与此相反，那些明知道得不到，却还拼了老命去努力的人，最后不仅得不到想要的东西，自己还落得狼狈下场。他们在工作、学习和人际交往中追求绝对的完美和公正，结果愤世嫉俗，认为自己深受命运的捉弄，痛不欲生。

有这样一对姐妹，姐姐相貌平平，而妹妹却长相出众，乖巧可爱；姐姐学习不好，妹妹却连年包揽学年第一名的桂冠。姐姐觉得自己仿佛成了多余的人，父母将妹妹捧在手心里呵护着、疼爱着，对她，则少了该有的耐性，轻则拿她与妹妹比，重则打骂。久而久之，姐姐自己也开始瞧不起自己了，觉得自己天生就很差，自己永远都没有妹妹优秀。终于熬到初中毕业，她独自出去打工了。虽然离开了和妹妹比较的环境，可她因为始终没办法摆脱自卑的情绪，感觉自己在任何地方都得不到周围人的认可，最后，她竟然患上了严重的精神分裂症。

俗话说："不怕想不明白，就怕想不开。"想不开，是人的痛苦之源。有些人遇事想不开，就一头钻进了死胡同，那是要有多痛苦就有多痛苦。根据心理医生的临床研究，超过七成的心理疾病患者长期无法摆脱心理困扰，他们这种情况很大一部分原因在于他们不善于转移注意力，不会在适当的时候找机会安慰自己。不懂得自我安慰，使他们心里的困扰在内心越积越多，始终得不到舒解，最后终于变成伴随一生的梦魇。

人生不如意事十之八九，怎么能奢望一辈子顺利、平坦呢？很多人面对不顺利、不平坦的人生路，无法自我慰藉、自我解脱，反而一再被消极情绪俘虏，则注定了一生波折重重。而那些在失望沮丧、抑郁苦闷的时候，能够尽快找到安慰自己的途径的人，才算是赢家；大多数人在工作、学习和交际过程中遇到各种各样的困难和阻力时，往往在心理上自觉或不自觉地产生解脱紧张状态，希望能够恢复情绪平衡，获得情绪稳定，这种适应性倾向，在心理学上称为"心理防卫机制"。即拿自己能够接受的、不是理由的"理由"来自圆其说、自我安慰，这种心理防卫机制就是人类的一种自我保护的心理功能。

安慰自己，就是在自己遭遇失败、挫折、不幸，心灵感到痛苦不堪时，能通过积极的自我评价以及对自己适度的宽容，抚慰自己的心灵。要明白，困境是合乎自然的事情，它是生活的组成部分。并不是我们命不好，遇到这些困境，实际上，困境是人人必领的"快餐"，它既会困扰自己，也会光顾他人。人生不可能一帆风顺、事事如意。这样，在困境面前就不会总让心哭泣，相信"天无绝人之路"，相信"逆境不久"的真理，相信自己总有路可走，就等于跨出了困境的第一步。

自我安慰与麻木不仁、坐以待毙不同，也不是无所事事、不思进取，更不是懦弱无能、畏缩不前。相反，自我安慰是给自己一个心理空间，遇到困境能够自我调整和统合，从而轻装上阵，才有可能从困境中走出来。自我安慰对处于困境中的人，是一味良药。它可以排解消沉低迷，缓释紧张焦虑，平息怒气怨气，使心态平和积极。

王先生是一家公司的职员，由于他擅长编制软件，一直都是公司的骨干。可自从公司来了两名名牌大学的计算机专业的毕业生，他感觉自己的工作和名誉都受到了威胁。一个新项目的研发由这两名新人负责，王先生很想参与该项研究，于是拟定了一份计划书递交给了领导。可是交给领导的计划书却迟迟没有回音。他觉得领导一直不给回音，肯定是瞧不起他的专科学历，觉得他没有资格参加这个研发。他越想越难过，甚至觉得领导肯定会让他下岗。每次看见领导时，他总感觉领导的态度冷淡，也觉得同事们背地里都在议论自己，从此变得不想上班，怕见熟人，后来连商场、公园都不敢去了。后来听了心理专家的建议，王先生才变得豁然开朗。心理专家告诉他，要换一种思维来安慰自己：不就是个项目研发吗？不让我干，我正好休息，用不着加班加点了，可以经常陪陪妻子和儿子了。新人虽然是名牌大学的，可是他们的实践经验远不如我，很多实际问题还没有我懂得多呢。从此，心情舒畅了，看领导也亲切了，看同事也顺眼了。

学会自我安慰，这是一种心理防卫的方式。在人生的旅途上，并不是事事如意，下岗待业、职务被免、疾病缠身、情场失意等不尽如人意的事情，总会被我们碰到一些。这些不顺的事情，常常会使我们愤愤不平，叹息不止。在这些不顺的事情面前，我们应该学会自我安慰，平缓一下心态，防止发生心理扭曲、变态。心理扭曲，不但影响工作情绪和生活质量，而且有害于身心健康。

遭遇不顺的事情时，我们就运用积极的词汇，来评价自己，评价自己所做的事情，告诉自己：这个事情做不好也没有什么，说不定是好事呢！我正好也需要休息休息。采用这种方法，你会发现，平衡自己心理的能力，维持自己健康的能力，是多么的重要！其实，如果每一人都能巧妙运用自我安慰的心理，也许这个社会就会多一分快乐，少一分忧愁。如果每一个人都能够把自己的烦心事放开一点，就不会有那么多人整天陷入精神不振的状态中了。那我们有哪些方法可以进行自我安慰呢？

第一，心理补偿法。具体就是，在我们最消沉最失意的时候，不再说自己得不到的是什么东西，而是百般强调自己已经得到的东西的好处。这样可以减轻内心的失望与痛苦，这种心理就被称为甜柠檬的作用。它的特点就在于淡化原先预定的目标与结果，夸大既得利益的好处，缩小或否定它的不足之处，以减轻达不到预定目标时的失望情绪。用这种方法安慰自己，使自己能够从阴影中走出来，重新找回自我。

能够巧妙使用心理补偿法的人，面对自身的缺陷或其他缺点，他们并不灰心，而是超越自卑，积极补偿，使缺陷成为激励他们进取的力量，在心理上和行为上都表现出强者的姿态。例如，一个大学生想报考研究生，但自知考不上，便自我安慰道：其实现在社会更看重的是社会经历，大学学历也就够了；某人想参加舞会，但自己不会跳舞，又不好意思让别人知道自己不会跳舞，便对人说自己喜欢安静，不愿去热闹的场合；有的孩子天资差，但其父母却说，傻人有傻福。也许那个大学生没有考研而去参加工作，在工作中自知比不过研究生，所以就利用空余时间给自己充电，一步步提高自己的工作能力；那个想参加舞会的人，在家里听音乐，感觉比在吵闹的舞会中更舒畅；那个天资差的孩子，因为不需要用聪明的光环来笼罩自己，他的童年没有好的成绩，却过得比其他孩子更快乐。

第二，角色扮演。沮丧、紧张、忧郁，这是人们面对困境的正常反应。这时，我们可以装出自己所希望体验的情感——高兴、轻松、自信，就能切实地帮助我们体验到这种心境。这就是心理学研究中的一个重要的原理：扮演我们想要体验的角色，有助于我们感受到那种角色的心境——在难受的境遇中需要得到更多的自我安慰，在事情弄糟的时候需要感受更多的快乐。

21

适当释放"本我"
才能燃烧"焦虑"

作为社会上的自然人，我们受到社会的束缚、规矩和规范实在太多，渐渐地让自己身上的一些天性隐藏起来，这是本我受到压抑的结果。释放天性，即释放本我，可以使我们挣脱所有的束缚，还原本身天性，让我们更加有胆识、有气魄，能更好地与人沟通。

所谓的"水满则溢"，当我们处于焦虑状态、情绪低落时，我们不会被人劝告后才去寻求释放焦虑、缓解情绪的途径，而是情不自禁地、想方设法地让自己高兴、快乐。因此，笔者在这一法则中并不是告诉朋友们：心情低落时一定要去释放焦虑，而是告诫你们释放本我，燃烧焦虑讲求的是一个度。本我一旦完全被释放，不受超我的任何约束时，我们燃烧的并不是我们自身的焦虑，而是给自己，甚至给社会带来无法预料的恶劣影响，最为明显的便是社会中犯罪率将是几倍、几十倍地增加，社会也将会变得动荡不安。社会正是由于有了每个人人格的和谐发展，才会有如今和谐的生活环境。

在心理学家看来，本我的出路主要有两种方式：一是被释放；二是被安抚。但自我过度释放本我，社会中较易出现的是犯罪行为；自我过度安抚本我，人这个个体特性将会被抑制。弗洛伊德认为，本我冲动长期受到压抑会产生焦虑、冲突，激发精神病，而主体防御机制会时刻为那些被压抑的本我冲动寻找出路，避免人类陷入精神病的危机。当人们自身本我能量积累过多时，会主动地寻求能量释放途径，而在我们的生活当中，各式各样的娱乐方式等恰好成了本我能量释放的有效方式，例如艺术创作、宗教崇拜、游戏、心理咨询和梦的工作等。

谈到本我释放途径，只能用不计其数来形容。但所有的途径并不是都被人所认可，每种方式均有其两面性，即积极的影响和消极的影响。在上述本我释放途径中（艺术创作、宗教崇拜、游戏、心理咨询和梦的工作），艺术创作、宗教崇拜、心理咨询和梦的工作是被大部分的人所认可的，他们均认为这是遵循道德规范的，使用时不至于让自我内心遭受谴责。唯独"游戏"不被大多数人所接受，特别是在孩子教育方面。在中国，孩子玩游戏（特别是网络游戏）犹如洪水猛兽般冲击着家长们固有的思想。为什么家长对游戏会有如此之大的排斥心理？孩子沉迷于游戏而荒废学业是最为主要的原因。但家长们通常也将其消极影响扩大化，原因在于他们并不真正地了解游戏的本质。倘若对其能够很好地把握，将其合理地结合在孩子教育上，会有事半功倍的效果。当然，孩子沉迷于游戏这一社会问题产生的原因不能全在于家长一方，家长的控制过度和孩子游戏的过度是造成该问题的主要原因。

在我们看来，艺术创作、宗教崇拜、心理咨询和梦的工作等合理释放焦虑的途径，同时也被视为有效的释放途径。但这些途径在释放的过程中会过多地受到超我限制、自我监督，过多地进行伪装、移置抽象，并且这些途径还需要个体具备一定的条件才能发挥作用。不是说每个人都能进行艺术创作，也不是说谁都能进行自我释梦。因此，站在理性的角度来思考这些途径，它们并不能将本我所积蓄的能量顺利地释放。而网络游戏构建的虚拟世界能够消除各种超我限制，为完全地释放压抑的本我能量提供一个舒适的平台。

游戏本身就是本我的潜在表达方式，因为它能实现在现实生活中无法实现的各种想法，能扮演潜意识中所期望扮演的角色，从而将压抑的本我所释放。然而，在人们的长期生活中，各种社会文化、社会制度、道德观念等一直都在拒绝、排斥和遏制游戏所具有的娱乐意义。

我们在网络游戏中能够以自我为中心进行自我重构。在虚拟的空间里打破既定和指定的社会现实角色的压力和束缚，把现实中不被允许的事件投射到网络游戏虚拟空间进行舞台表演。首先，虚拟角色通过对现实社会角色的抽象、化装、掩饰进行替代转移及抽象象征物品的选择装饰，如网络游戏中人物的形象、角色的地位、衣着的打扮、法器的档次、住处的装饰档次等；其次，虽然网络游戏带有浓厚的虚拟性，但其规则取材于生活，具有传统游戏规则的约束性及具体可操作性。

弗洛伊德认为，心理防御机制是人成长发展过程的必要部分，其中压抑是最主要的机制，而宣泄是压抑后释放的必要手段。在日常生活中，梦、宗教仪式、艺术创作是压抑宣泄的主要场所。如今汇集梦的象征性、戏剧性，宗教仪式的表演性、狂欢性，艺术创作的想象性、情感性的网络游戏虚拟角色扮演大大拓宽了被压抑能量的宣泄通道。网络游戏迷恋者在舞台上的"狂欢仪式"表演，就像人们投身于某种宗教仪式一样。客体的身体已不再是现实生活法则指导下的社会身体，而是一种类似进入集体无意识消除了社会制约的自然身体，具有主体无意识选择的象征性化装。主体的虚拟角色在舞台上与他人共舞狂欢不但达成了本我的享乐，也替代性地满足了对抗者攻击性本能的发泄和旁观者的窥视、欢呼，并以激情表演的形式补偿了现实中主体心理、生理层面的某种缺失，满足了主体现实生活中不被允许的各种愿望，释放了本我冲动的能量，使主体获得了仪式后的生理、心理快感。

任何事情都讲求个度，尽管在游戏的世界里，我们能够完全地做自己，做生活中不能做也不敢做的事情，这样一来或许能达到释放本我的目的，但一旦我们沉迷于其中，原先的焦虑是消失了，可是会伴随着新一轮的焦虑出现。

作为成年人，或许丧失的就是第二天工作的精力，丧失赚钱的时间，更为恶劣的是犯罪。一位40多岁的网络游戏玩家向警察报案说：他的网络游戏虚拟装备"屠龙"被盗时，他遭到了警察的嘲笑。于是，这位网络游戏玩家决定用自己的方式来解决这件事。他用一把实实在在的匕首，扎死了偷走他"屠龙"的那位网友。法院可能会因此而判处他死刑。这一事件引起了很大反响，人们开始关注迅速发展的网络游戏业对社会生活及人们的心理所造成的影响。由于玩游戏引发自杀、过度疲劳猝死以及因虚拟资产引起争端等现象时有发生。

这位玩家的"屠龙"被人以480英镑的价格出售，这一数额远远超过了中国人的平均月收入。警察告诉他，对于他的游戏装备被窃，他们也无能为力。网络财产案件很难处理，因为网络虚拟财产的合法性和所有权不在现有法律保护范围内。

而作为青少年，玩游戏付出的代价是丧失整个学业。只有凡事讲求一个度，才能真正地得到释怀。成都某高校的一大学生，一天24小时有19个小时都泡在网吧打游戏练级。该大学生几乎把所有的时间都拿来打游戏，没有去学习，也没有进行社交活动。大概两个月后，他发现自己的思维完全跟不上同学的节奏，脑袋里浮现的都是游戏的画面，思维方式已经游戏化了。他已经明显感到不适应现实生活了，自己由此陷入了深深的焦虑之中。

当前，类似这样的学生已经是多如牛毛了。长期沉溺于网络游戏，无论是生理还是心理，都容易出现偏差。

网络游戏成瘾所带来的危害已经上升到社会层面了，它不再是个别现象，而是一种社会问题。2009年2月，湖北一名16岁少年因沉迷网络游戏，半夜持刀砍伤母亲，抢走8000元钱；同年3月，湖南沅江一名14岁少年也因网络游戏入魔产生幻觉，从4楼跌落身亡。

网络游戏对青少年身心健康的危害已引起心理学家和社会学家的广泛关注。西北师范大学教育科学院副院长杨铃指出，在网络游戏中，青少年不必面对现实中的挫折，无须接受社会规范和其他人的监督，从而可以随心所欲地宣泄情感。长此以往，会淡化他们的社会道德意识，给暴力犯罪埋下隐患。

　　因此，凡事都要讲个度，凡事也都要有个度。只有这样才不会在今后漫漫的人生旅途中，迷失自我，或是变成一个固执、多疑的人。

22

"自我"放下"超我"，
给"本我"减压

　　我们每一个人在社会环境中，都在不自觉地扮演一个理想中的自己，或者是自己认为更好的自己。那么，每个人内心里最真实的自己究竟是怎样的呢？这也许是一个难以想象的难题。如同古埃及五千年前那个谜语：人最难做到的事情就是"认识自己"。我们在认识自己的过程当中，常常是喜忧参半，但更多的是忧。我们总是在遇到问题——解决问题——遇到问题的无限循环的过程中度过。常言道："生活就是一个问题接着一个问题，而人生就是一个答案连着一个答案。"生活中的问题始终纠结着我们自身，而为何总有不断的问题发生，不断地自我纠结？而我们为什么又会纠结？这将是该节法则中要解决的问题。我们所谓的纠结，实则为"本我"和"超我"之间的矛盾冲突。前面笔者已经谈到了弗洛伊德关于人格三结构之间的相互关联。

　　人的成长，就是在本我、自我和超我的冲突、斗争和平衡中形成和发展的。在不同的时间内，三个"我"对个体行为产生不同的支配作用，原因是自我对本我的了解和控制，是人与环境、社会相互作用沟通的结果。本我追求一种有碍于社会、不利于人类文明的满足，社会则借助于超我来压抑个人所特有的本能、欲望。本我过于强大的人，会有很多与年龄不相符的冲动性行为，他们容易违背社会规则和道德规范，做出一些极端的行动。例如，网上炒得很火的"激情犯罪""冲动犯罪"，就是本我一时冲动，挣脱超我控制所造成的。

当一个人的超我远远超过了本我，而过分去追求完美、追求他人和社会的赞许时，则会使自己自然的、本能的需要和冲动受到过度的压制，这样容易产生抑郁的情绪，引发一些特殊的强迫症状。可否发觉，许多道德高尚的人内心其实并没有想象中的那么快乐。在大众面前表现一副善良、和蔼的人，偶尔会在家中表现出脾气暴躁、行为粗暴。换句话说，就是整个人都换了一种截然相反的性格，这样的情况着实让人难以捉摸。从心理学角度分析，这是因为本我一直在寻求表达，超我强大的人，对本我的抑制作用就越强。一旦本我脱离了超我的缰绳，整个人就会出现类似上述现象。这就像一根弹簧，压得越紧，反弹得就越高，如果长时间压得过紧，就会最终将弹簧损坏，使其失去弹性。无论超我的力量有多么的强大，本我总有一天能挣脱超我的控制，从而得到释放。

故当本我与超我之间发生了冲突争执，这种冲突产生的不愉快，便会使我们产生压抑，出现各种各样的纠结心理。生活中不乏这样的例子，如：我们有时候饿了，看到路旁有卖汉堡包的，内心会涌出一种强烈渴望快去吃汉堡解饿，这就是"本我"的本能与冲动。但随后许多人头脑中又会冒出"汉堡包属于不健康食品要少吃"，于是，接下来就看这两种念头哪一种更有力量，行为就会更偏向哪一种，并且，不论做出哪一种选择，内心都会涌现冲突。为了压抑种种不舒服、不愉快感甚至是痛苦的念头时，我们的内心就会采取一些形形色色的方式来对抗，甚至有时候不自觉地采用非常强硬的方式。这样一来，我们虽然表面上都尽量装出一副美好的模样，但内心隐藏的冲突却会越来越厉害，当发展到一定阶段，就会冒出病态的邪恶念头。

多毛症其实已经见怪不怪，站在医学角度来讲，属于人体正常的特征之一。有这样一个案例，讲述的是一个19岁的男孩子，他身上体毛比较浓郁，腿部尤为突出。在酷热的夏季，人们都不得不脱掉冬天厚实的毛衣，换上凉爽的短衣、短裤。这样一个换季的过程，对于他人来讲实属易事，可对这个有多毛症的男孩子来说却是一件无比尴尬的事情。男孩子换上短裤，展现在同学面前的是一番毛茸茸的景象。无论是走在校园里还是坐在教室中，男孩子总是表现出一副畏首畏尾的行为。他总是觉得有人在看他的腿毛，有人在议论他的腿毛。这样的纠结心理导致他完全不敢上学校，即使走进了课堂，也无法专心致志地学习。久而久之，心里压抑了无数的难言之隐和苦恼，为了避免别人对他的嘲讽，他决心设法褪毛。这样的念头促使他采用了非科学的途径将毛褪去，可结果并不令人满意，他心中的自卑感导致了恶果的发生。

分析这样的一个男孩子，他应该在小时候受到过颇为严格的家庭教育，受到过某个或某些人不少批评，在人际交往的层面有一定的自卑感，并害怕别人看不起自己、攻击自己。而在当时的情况，他内心开始萌发性的冲动，想吸引人注意，因为在心理学上，体毛对应的本身就是性的一种转换象征。于是，一种担心别人攻击、压抑自己的念头和想吸引身边人注意自己的念头就会相互冲突，这种冲突是他烦恼的根源。

为防止我们邪恶念头的产生，我们应该时刻关注自己的任何心理活动，采取相关方法、对策将其遏制。比方说，告诉和提醒自己，要乐观地面对人生，学会从失败与挫折中发现积极的一面。不要长期压抑自己，找到自己合适的方法去表达自己内心真实的声音，要学会放松，选择一些良好的释放方式。关爱自己，多关心自己的心理状态，多照顾自己的感受，有时候可以稍微自私一点，多为自己着想，不要总将别人的需要放在第一位，适当时候先考虑自己。一旦感觉到自己的心态或者情绪有了问题，要学会向身边人或者专业人士求助，只要找对了人，有一些邪恶念头是很容易解除的。同时，保持良好的生活习惯，告诉自己，为生活的幸福与快乐努力，而不一定仅仅为了面子。

自我适当放下超我，给本我减压的机会，从而避免人格向不健全发展。在工作中，我们基本上都处在超我状态，所以工作之余或者一段时间后，要好好放松，找到自我。如果用在对学员的管理上，也是有张有弛，不要让他们总是处在高压下，给他们一定放松环境和属于自己的时间，让自我得到调节，本我得到减压。如，在学员队建立公用的减压房，允许学员在里面自由释放积压的本我；或者每天留一定的时间，让学员能够在自修室自修，调整自我。例如，某学员甲，他生活在一个道德感极强的家庭，父母亲强大的自我约束，通过言传身教被他内化成了自己的人格。在他的人格构成中，由于超我的力量过大，造成原本并不强大的本我想寻找突围的机会，本我在他十多年的人生中积聚了太多的能量，一旦挣脱了超我的约束，便势不可挡。在他上大学的时候，本我以"考试作弊"的方式来进行了表达，他越想压抑这种冲动，越不能控制自己。在"好孩子"的超我和"坏孩子"的本我之间，他的自我分裂了，好在他在挣扎中得到了及时的开导和觉醒。

当今社会十分流行的一个词汇：裸辞。何谓裸辞？裸辞就是指没找好下家工作单位便辞职的行为。不找后路，意味着离开的决然。因工作压力身心疲惫达到了极限，或长期缺乏工作幸福感，选择裸辞的白领正在增加。裸辞，也成为白领群体中的流行词之一。造成裸辞的主要原因：一是工作压力大。有些管理人员决定裸辞很纠结，经过几年拼搏，当上了部门主管，职位晋升的同时工资也加了点，手下还管着顾问团队，不仅自己要面对难啃的大客户，而且还背上了部门考核指标，要带新人，带团队，做培训，做考核，每天的工作时间从8个小时延长到12个小时，业绩指标却是遥不可及。工作压力太大，弄得没办法喘气，健康严重透支。更可怕的是，以前不知道的事情突然一下子都推到面前，公司内部的勾心斗角，客户和竞争对手尔虞我诈，工作虽累，但是搞这些关系更累，裸辞后只想把工作抛得远远的，在大自然中找回自己，好好休息一下，享受自由的空气。人累到了极限，所谓的职位和高薪，统统变得不重要了！二是工作节奏快。每天要应付繁忙的工作，还要照顾家人，有些公司的核心部门，不仅要面对老板，还要直接应付客户，关系错综复杂，工作节奏快。在工作中面对客户的无理刁难，只能忍气吞声、笑脸相陪，特别郁闷。老板时时刻刻盯着业绩表现，平级同事勾心斗角，下属虎视眈眈，每天都好像疲于奔命。

虽然"裸辞"成了一种"潮流"，但真正会将其付诸实施的人，毕竟相对较少。可为什么有的人付诸实施，而有的人却只是思想活动呢？通过弗洛伊德的人格理论或许可以得到一些解释。按照弗洛伊德的理论，每个人行为的出发点都是来自本我，但是本我都会受到超我的压制，从而形成一种服从于社会道德的自我。尽管本我会受到超我的限制，但每个人的超我的标准是不一样的，有些人非常重视社会道德规范，那么他的本我受到的压力也就会非常大，有些人可能根本就不在乎什么道德规范，那么他的本我受到的影响相对来说就比较少了。就目前社会上流行的"裸辞"而言，具备较高超我的人会思考辞职后对今后的生活会有什么样的影响，需要花多长时间才会找到另外一份工作，如果没有找到新工作，这段时间的失业是否能够面对等问题；而超我较低的人则多表现为我行我素，不考虑辞职后可能会出现的状况。

或许有不少"裸辞"者告诉自己身边的朋友，之所以要选择"裸辞"，是因为想给自己一段休息、调整的时间，以期更好地投入到新的工作或者新的人生规划中。但是少部分的"裸辞"者在辞职之后发现，工作是维持生计的基本，辞职后没有了经济收入，生活陷入短暂的困境；新的工作又没找到，就算找到了另外一份工作，自己或是身边的朋友又会拿新工作与旧工作来做比较，如果新工作没有先前工作好，心里又会觉得很丢脸。因此，无论从什么方面，都会给自己带来麻烦和压力。

至今，"裸辞"是越来越普遍，特别是年轻的一代，越来越多的职场人开始重视自己内心深处的快乐，他们不再局限于薪水的多少和职位的高低。

一些裸辞行为是经过深思熟虑后的决定，另一些又是内外矛盾刺激下的冲动之举。从自身事业发展角度来说，裸辞应该说利弊各一半：利好的一面是，可以脱离当前的压力状态，摆脱束缚，放松心情，对身心健康大有益处。不利的一面是，当享受了几个月后的假期后，各方面的压力又会蜂拥而至，比如经济压力、家庭压力以及对未来的迷茫与痛苦等。此外，当一个人习惯了集体生活后转瞬间变成了"独行侠"，没有了集体活动，没有了朋友往常的交流，心里易产生孤独感。而对大部分的白领来讲，裸辞仅仅算是暂时逃避压力的方法，治标不治本，最终还是得回归到职场中去。因此，当情绪激动、心情烦躁时，尽量控制自己不要做出冲动的决定，最好经过一番认真的思考方才做决定。比如，明确自己的职业方向和职业规划。有了规划，才可以好好地享受那"短暂的春天"，同时，好好思考职业发展，做好重出江湖的准备，以免在未来的工作中再次遭遇身心俱疲的困惑。

一个健康的人格，本我、自我和超我之间协调一致、和谐相处，才能够使个人和社会完美地统一、平衡、协调，自己才能够被社会所接受和承认，同时自己又能够很快乐、幸福。这时的人就是我们所说的人格健全、心理健康的人，有着良好的人际关系、良好的社会适应能力、正确的自我意识、乐观向上的生活态度、良好的情绪调控能力。

23

让"梦境"宣泄"本我"，
避免人格病态

　　我们每个人都会做梦，白天睡觉时做的梦通常叫"白日梦"，夜深睡觉时做的梦叫真梦，与性有关的梦叫春梦。当一个人总是幻想着实现内心某种欲望但又不付诸行动时，就会被人认为在做春秋大梦。在弗洛伊德看来，梦是一种清醒状态精神活动的延续，是一种内心愿望的实现，是一种正常的心理现象。人们或许能通过自己前夜做的梦来读懂近期内心的欲望和想法，窥探儿时的心理诉求，更能通过梦境来提醒自己去解决近期遇到的问题和烦恼，回归到正常的生活之中。例如，当一个人很久都没给家中的父母亲打电话而此时父母又很挂念他时，一般在最近的那段时间内他总会梦见自己跟父母在家里做一些平常做的事情，而且这个时期会持续几天，直到他终于挤出"宝贵"的时间来拿起电话，拨了父亲或者母亲的电话，聊起了彼此的近况之后，他才会暂时停止这种梦境。

　　这听起来似乎有些神奇，甚至是邪乎，但这的确是一种人内心的愿望的满足，很多日常的生活现象已经证实了这一点。当人们在晚餐时吃了很咸的食物之后，如果不能满足自己想要喝水的欲望，那他夜晚一般都会梦见自己正在喝一大碗水，那种感觉很爽快，像是在炎炎夏日在凉爽的水里游泳一样，那种感觉也像干裂的喉头，饮入了清凉的冰水一般的可口。这种现象和想上厕所是一样的，当一个人很想上厕所，就会梦见自己不断地去找厕所，甚至还会梦见自己在解决内急的问题，这通常就会形成小孩日常生活中的"尿床"或者憋尿的现象。

那梦到底是怎样形成的呢？在弗洛伊德看来，梦形成的主要动力是"本我"内的各种本能冲动，这种动力就是"梦所表示的愿望"。第二种是介于"本我"和"自我"之间的"检查机制"以及"自我"和"超我"本身，这种动力"作为检查机制对梦的愿望发生作用"，而且由于这种检查机制的作用使梦的愿望进行伪装，也就是由内隐的梦转化为外显的梦的过程，这种转化称为"梦的工作"。弗洛伊德认为："梦不是空穴来风，它不是毫无意义的，不是荒谬的，也不是一部分意识的昏睡，而只是少部分乍睡乍醒的产物，完全是有意义的精神现象。实际上，梦是一种愿望的表达，可以算作是一种清醒状态精神活动的延续，是由高度错综复杂的智慧活动所产生的。"弗洛伊德在《释梦》中也论述了这一思想："梦并不是无意义的，并不是荒谬的，并不是以我们的观念储蓄的一部分休眠而另一部分开始觉醒为先决条件的，它是一种具有充分价值的精神现象，而且确实是一种愿望的满足；它在清醒时我们可以理解的精神动作的长链中占有它的位置，它是通过一种高度错综复杂的理智活动而被建造起来的。"

弗洛伊德眼中的梦都来自于哪些方面呢？大致可分为三类：第一种是指肉体上的刺激，这就包括那些由外物引起的客观存在的感官刺激以及仅能主观觉察到的感官内在的兴奋状态，或者是由内脏发出的肉体上的刺激，从而便形成梦的来源。然而肉体刺激并不能在此单独起作用，它只有通过与精神所具有的其他事实互相比较和联合，以便完成梦的材料。第二种来源是指孩提时期的经验。它指的是那些在醒着的状态下已经不再有记忆的儿时经验可以重新在梦中找回。第三种指的是一般性来源。它包括以下四个方面，即：（1）一个对做梦者本身极具意义的经验（经过回忆及一连串的思潮），却经常在梦中以另一个最近发生但无甚关系的印象作为梦的内容；（2）一个或数个最近发生且具有意义的事件，在梦中以一个同事发生的无足轻重的印象来表现；（3）几个最近发生而且具有意义的事实，在梦中凝合成一个整体；（4）最近发生而且在精神上具有重大意义的事件，并不直接表现于梦。

梦的改装的运作依靠五种作用：（1）梦的移置作用，即以隐意元素取代或置换另一隐意元素；（2）梦的凝缩作用：即以简缩的形式表达复杂的隐意；（3）梦的表现作用，即"将思想变为现象"，用幻觉的形式表达某种心理意识和观念；（4）梦的象征作用，即梦利用象征来表现其伪装的隐匿思想；（5）梦的润饰作用，即对梦的产品进行重新排列，使其原有的构成秩序变得交错杂乱。

物理因素和生理因素可导致梦境，心理因素也可导致做梦。感知、记忆、思虑、情感、性格都会影响梦的产生及梦的内容。

梦的心理学特征：梦是以生动的充分形成的视觉领域占绝对优势的幻觉想象为特征。一个典型的梦的叙述常常包括幻觉、妄想、认知异常、情绪强化及记忆缺失等主要特征。根据许多专家对梦的解析我们得知，在大多数梦中、听觉，触觉及运动感觉的叙述一般比较普遍，味觉及嗅觉幻觉想象较少，而痛觉的幻觉想象则是最不常见的。梦的特征表现为显著的不连续性、未必可能性、不确切性和不协调性。为什么这么说呢？因为弗洛伊德认为梦是一种心理现象，是人自身本能欲望的一种不断追求的满足，其本身是有生理基础和物质动因的。梦的解释是他的精神分析方法中最必不可少的过程之一。他认为能通过梦，透视人们无意识心灵深处的精神病源。弗洛伊德又认为，人的心理过程又可分成原发性和继续性两种。通常人在梦中的原发性心理占据最重要的部分。在正常状况下抑制着原发性心理的"自我"总是处于相对沉寂状态，因而才使原发性心理得以冲破"自我"的监视而不由自主地活动起来。当然，"自我的相对沉寂"完全不同于"完全沉寂"。如果"自我"真的属于完全沉寂状态，睡眠时将不会再有梦出现。换句话说，"潜意识"开始活动的时期就在于"自我"处于浑浑噩噩状态下，既想渴望休息却又得不到休息的时候，因而是被"自我"压抑的原发性心理。

梦指的是在睡眠中发生的具有一定周期性特点的异常精神状态。也就是说，梦是一种心理和生理共同作用的现象。做梦的机制至今还是一个没有解决的问题。按常理来说，睡眠时并不是全部大脑皮层都处于不活动的抑制状态，人类的局部的大脑皮层细胞仍在积极活动，很多时候因为受记忆痕迹，以及白天活动时的情绪波动（如焦虑、惊吓和恐惧等）的影响，就产生了梦。

为了弄清楚是怎样表达某种本能的愿望的，弗洛伊德创用了两个概念：即"内隐的梦"和"外显的梦"。那些只有对梦的意念进行分析才能得到和揭示出的内容叫作"内隐的梦"，把梦本身直接表达的内容叫作"外显的梦"。弗洛伊德认为，一旦人的意识对梦所表达的愿望有所忌讳时，梦也就有可能采取伪装的形式来满足无意识本能的愿望。弗洛伊德对梦的解释不是就其对梦的表面内容作解释，而是探查梦里所隐藏的思想内容。在弗洛伊德看来，我们用释梦的方法来发现内隐的梦的内容，这种内容就其重要性来说，远远超过外显的梦的内容。因为在弗洛伊德的理论中，梦也是和无意识联系在一起的，它是一种被压抑到无意识深处的愿望的满足，在它通过梦表现出来时常常是经过改装的。举一个弗洛伊德释梦的例子。一个女人说自己在儿童时总是梦见上帝头上戴着一顶尖尖的帽子。弗洛伊德对这个梦的解释是：从显梦来说，这个梦在童年毫无意义，但从隐意上来看却很有内容。因为那个女人说自己是小女孩时，常在吃饭时戴上帽子。因为她想偷看兄弟姐妹盘中的食物是否比她的多。梦中的帽子显然有遮盖的作用。由此看来，显梦是指说出来的未经分析的梦，而隐梦是指其背后隐含的意义，由分析联想得到。显梦和隐梦好像猜谜语一样，谜面是显梦，谜底是隐梦。释梦就是要猜破谜底，谜面只提供线索。如果把显梦和隐梦对照着进行研究，不难发现梦仍是愿望的变性满足。

在梦中对很久以前的人物、影像及事件可能被强化回忆出来，并常把关心的事物编织到怪诞的及瞬息的梦的结构中。因此梦本身可以看成是记忆增强，此种在梦态中被增强的记忆与梦态结束后恢复梦景的不可能性形成了鲜明的对比。这表明在增强记忆的梦中，存在着记忆缺失。当被试者于做梦时被叫醒，大部分梦的精神活动被遗忘。

曾经全球热播的电影《盗梦空间》让人们过足了一把窥探人类梦境的心理分析的瘾。导演诺兰说《盗梦空间》是部心理剧，他想表现的是"层层穿透某个人的心理"。在《盗梦空间》如进阶般的层层梦境中，始终贯穿着主角柯布（Cobb）和梅尔（Mal，柯布前妻）的冲突。透过心理学家的眼睛，他们之间的关系还是爱到深处产生的悲剧吗？

影片不仅花大功夫在剖析男女主人公纠结的爱恨情仇上，更是给观众奉上了一部心理分析的大餐。通过对梦境的深度剖析让观众更加了解日常生活中梦境的内涵。

根据心理专家所做出的分析，梦境是分阶段的，例如浅睡眠阶段的梦。我们记得在影片当中柯布带着一队人从梦境的一层跃进另一层的场景，心理专家普遍认为，其实并没有证据证明现实中梦境也符合这种结构，因为一般我们看到的梦境无非是一个又一个的场景片段，只是它们以闪回的形式不断出现，这就导致了片段与片段之前是相互平行的。我们在影片中还看到，梦境里时间一般都特别长，尤其是在第二层梦境中才长达几秒钟，但是在第五层梦境中却长达几十年。心理专家在这方面的解释是，虽然时间是恒定的，但时间长短是一种心理上的感觉。既然梦境是"闪回式"的，那么大脑可以在瞬间将一系列毫无关联的场景和事件"链接"在一起，让时间可以跳越，使地点可以改变。所以人们总是感觉自己做了很长时间的梦。坦白说，不是因为时间变长了，而是大脑接受信息的速度变快了。

其实专家认为"盗梦"这件事并不太现实，因为不是每个人都做到在盗梦前具备梦境共享的条件。当然，从别人大脑中"窃取"影像的行为倒是可能。因为此前就有报道，在现实中，人们可能可以通过核磁共振扫描仪读取他人思想，这种仪器的工作原理是可以抓拍脑部具体活动的照片，然后再通过某种软件将受试者脑部活动的图像真实还原出来。

通过对《盗梦空间》的详细解析，我们发现，影片中展示的梦境一切都只是一个普通的梦境的延伸，这个梦境起源于主角柯布一心想要挣脱自己对妻子肩负的罪恶感，在梦境中出现的一切，包括复杂的移植思想任务，身边出现的伙伴，其实都是为了让自己内心得到救赎而自然而然地衍生出的潜意识的梦的产物。值得一提的是，导演把本应属于同一个层面的无数梦境符号，拆分成了许多不同的层，但归结起来却是同一个梦境中的内容。换句话说，这一切只是一个虚幻的梦境，并没有什么梦境互通和穿越，虽然电影里所说的靠表面意识骗过潜意识，但是其实梦影响人的真正原理却是相反的，即是潜意识骗过表面意识。我们不能总是纠结任何一个小细节，这似乎是导演的一个大骗局。与其说是主角自己给自己编织了一个错综复杂的梦境，并且还想要给别人移植思想，不如说是潜意识在为自己移植思想。这两个思想具有共同的意义，即放弃过去，再次开始属于自己的生活。为什么主角在梦中常常会出现无故地被追杀呢？那是因为他在现实中感觉到自己情绪极其压抑，主角认为这就是"罪恶感"。人们通常有这样的感想，有时会梦到某个人伤害了自己，于是醒来后发现自己真的开始讨厌那个人了。

我们不妨对影片中的人物的心理进行一定的分析，看看影片中的人物和我们现实中的人物有哪些类型，这样将有助于我们对现实中具有同类型心理问题的人物的帮助和治疗。

我们记得，第一个出现在主角身边的是瘦高背头男。这个人物或许就是你生活中的分身和影子。每当你在梦中感到极其不安的时候，潜意识中出现的这样一个人物能够让你感到安心。此刻你可以回忆一下曾经的梦境，在梦里会发现自己从来就不是独自一人，我们的身边总会有一些类似哥哥姐姐或知心朋友等一些让你有安全感的人，他们从来不对你的日常活动产生影响，但是始终默默陪在你左右，一直那么顾及你的感受，在你伤心的时候安慰你。虽然柯布的身边出现了这么多的朋友，但是他的人格在现实逻辑中是不存在的。

第二个出现在柯布身边的人是坏蛋BOSS斋藤。我们会发现这样的现象：我们通常在梦中通过两种模式想要突破或改变自己不想改变的东西。第一种是我们要打败梦里出现的一个巨大怪物或卑鄙无耻的小人。第二种是我们必须去完成一个艰巨的不可不完成的任务。通常来说，怪物其实都是来自你内心的纠结，就是一个你内心郁闷的排解的委托人，我们必须尽快去打败或解决它，这样才能解开你内心的结，从而完成梦的目的。（但是遗憾的是，这个怪物或敌人太强大了，我们根本就打不倒它，而且通常在我们和它搏斗时就突然醒来了，这种现象就说明在现实中这些问题仍然时不时地困惑着我们，只是在潜意识中我们始终无法摆脱它。）

影片中还出现了主角孩子的外公。我们知道，梦中出现困扰时总是会出现老者，殊不知那便是人的潜意识中深处的智慧，人们在清醒时通常会蒙蔽这种逻辑思维。也就是说，当你向他或她求助时，其实你就是向自己的潜意识深处的智慧寻求帮助，它给你提出的建议本来就是你在梦中苦苦思考所得的结果。虽然在梦中这些建议往往显得很离谱，但它们就像暗语一样需要人们去逐个解析。

我们注意到，主角身边还出现了一个造梦者女孩。在真实的梦境中，你偶尔会梦到一个从未谋面的异性，他或她总是会和你的内心贴得很近，及时给你一些建议，乐于跟你聊天，或者愿意跟你相爱。其实这个人不过是你内心的深层潜意识，这就是我们内心表现出来的另一面。梦中的你代表自己的表层意识，这就意味着和他或她相遇，就是一个你在和你的潜意识交流的过程，以至于得到你想要的答案。影片中的外公将女孩介绍给主角认识，也就是指引着带主角去接触自己的深层潜意识。影片中的女孩去努力探究着主角深埋内心的伤痛，并且不断地帮助他慢慢引导出这种痛苦，这就表现了深层潜意识的目的。

第五种影片人物是药剂师和伪装大师。其实这两人就是属于同一种，都充当所谓"梦境情节需要"。一般来说，他们会在你最需要人帮助的时候出现，并且在梦中你会给自己一个相对勉强的理由来说服他们的出现和行为，例如为什么他们会竭尽全力去帮助主角但却毫无怨言和奢求？但是当他们不被需要的时候，又会自动消失得无影无踪。

最后一种类型是继承人。其实这个继承人代表的是他内心所体会到的自己的一面，他死去的父亲代表的是生活在过去的自己，那是过去那个带着无尽悔恨自己死去的样子。全新的自己将有希望开始新的生活。也就是说，他的巨额遗产代表就是自己对亡妻无尽的爱和深深追忆。同时，梦中的金钱和财产代表人们精神上的知识、地位、财富等，并非我们日常使用的真正的钱。影片中的他解散公司的原因就是因为这个行动本身就是一个梦境符号。

经过这样的分析，主角的任务内容就很明朗了，他就是给那个继承人移植思想，从而改变他的未来，让他因而放弃遗产，重新开始自己的事业。就像在最后主角和妻子面对面，说"我该离开你了"之后，接着继承人打开了紧锁的大门，开启了那个象征遗忘的保险箱。

在影片的最后，主角在梦中完成了对自我的"思想植入"，他圆满完成了斋藤的任务，顺利走出了亡妻的阴影，重新回到属于自己的生活。随着主角回到家里的时候，一个完整的梦境就这样悄悄结束了。

其实，人们之所以认为一切深层梦都衍生于这个梦。从这个影片中我们可以领悟到，主角受到最基本的心理学潜意识影响，而根本不像他所说的在自己的梦里随心所欲地驰骋。

通过"梦"，让本我宣泄，从而避免滑向人格病态。如果觉得心理不堪重负，不妨找一种适当的方式，释放本我。如做梦，白天看到一个美女，晚上做梦拉着她的手了。这事就算过去了。在弗洛伊德看来，梦就是无意识、本能得到释放的场所，梦是本我的未实现愿望的补偿。"把梦中各个单独的意象变为自由联想的题，发现梦的构成跟神经症症状有无可争议的类似性，两种都是某种被压抑的冲动和自我抵抗力之间相妥协的产物。"梦境本身不具有现实意义，梦中的情绪体验可以缓解精神过度紧张。每天人都能够自然做梦，可是有心结困扰的人，光自然做梦解决不了问题。那怎么办呢？可以选择"催眠疗法"，给本我疗伤。这个方法很简单：把心结告诉一个可以信赖的人，让他利用催眠疗法进行解除。催眠必须在一个不受干扰的环境下进行。用食指尖轻轻地拂有心结的学员的眼皮，等他入睡后，说些鼓励他的话，或让他某个愿望得到了实现，或者安慰他，他的那个挫折很快就会过去，不要怕。等他入睡几分钟后，再唤醒他，他的精神就会十分清爽。这是根据梦与心理过程的无意识的道理。

24

以社会赞许的形式转移
"本我"能量，升华人格

人类是群体性动物，人们要么属于社会，要么属于自然，而他们创造的世界，既不属于社会，也不属于自然。人的社会性是指人是社会动物，任何个人都不能脱离社会存在。人的社会属性是人作为集体活动的个体，或作为社会的一员而活动时所表现出的特性。人的社会属性中有一部分是对人类整体发展有利的基本性质（社会性），也有一部分对社会不利的性质（反社会性）。个人是什么样的，即具有什么样的本质，不取决于他的生理机体的特性，而是取决于他的社会关系，是各种社会关系的总和构成了一个人特定的本质。人的社会性表明：我们所讲的人不是想象中的抽象的人，而是生活于现实社会中的人，是从事实际活动的人。马克思曾提出，人的本质并不是一种内在的、无声的、把许多个人纯粹自然地联系起来的共同性，而是人的社会特质。

因此人类生活在社会中必然要与社会中的各种群体、个人产生多方面的联系与交往，在这个过程中便获得了个人人生观和价值观的实现，同时也相应地逐步完成了自己的价值的创造。一个离开社会并与社会中的群体组织和个人脱离的人是不可能实现自我价值的。这就像一个生活在孤岛上与世隔绝的人是不可能得到社会给予的个人价值的创造机会的，没有社会的认可和赞许，他所做的一切与价值观和人生观有关的事情都变成了一种奢望和徒劳。人并不是自然界中唯一具有社会性的生物。自然界中，还有很多生物比人更具有社会性，如蚂蚁、蜜蜂等。在蚂蚁社会中，个体的蚂蚁无论是当"工人"还是当"皇帝"都是天生的。蚂蚁天生的有组织性、有奉献精神，努力而且安心于社会的分工，这些"高贵的品质"真正让我们这些高贵的人钦佩不已。

人类除了具有社会性之外，还具有自然性，即人类的很多社会性活动都时刻离不开其本身的生理和心理的需求和期望。换句话说，人类在实现其社会性，并参与各种社会活动体现自我价值的同时，就是在实现自我生理和心理的需求，只是因为社会性作为一种最本质的属性而被人们不断地强调而已。归根结底，如果没有人类自身的生理和心理的需求和期盼，社会性活动的开展也就没有意义可言了，甚至社会的存在就没有价值了。我们每天都在为了实现自我的价值、提升自我的人格而不断辛勤地工作、学习或者生活，柴米油盐酱醋茶的点滴生活占据了我们生活的一大部分，我们不仅要满足这种温饱生活和基本的生活条件，还为了提升自我价值，构建高尚的人格修养并使自我得到实现而作出各种努力。伟大的心理学家弗洛伊德在对人自身的生理和心理方面的需求做出了深刻而有力的解析。

其实，人类的本我就像一口沸腾着本能强烈欲望的大锅，它包含要求人们内心得到暂时的满足的一切本能的驱动力。换句话说，它遵从"快乐原则"而行事，那种急切地寻找发泄出口的目的就是一味追求很多方面的满足。本我中所渴望的一切似乎永远都是潜意识的。什么是自我？自我则是介于本我和超我之间的，它是理性和机智的代表。自我总是按照现实原则来行事，具有防卫和中介职能，同时也充当着仲裁者，它时刻监督本我的一举一动，适当时给予其满足。总之，自我的心理能量的消耗基本上都是在对本我的压制上。自我储存了许多任何能成为意识的东西，当然，在自我中也许还有仍处于无意识状态的东西。

本我和自我的关系，有这样一个比喻：本我是马，自我是马车夫。弗洛伊德是这样比喻的。也就是说，马是驱动力，马车夫则负责给马指明方向。自我要学会驾驭本我，本我也许很难控制，就像马可能不听话，二者也许会一直都保持僵持不下的姿态，直到有另一方愿意屈服。弗洛伊德还这样说："本我过去在哪里，自我即应在哪里。"自我就像处在"三个暴君"即外部世界、超我和本我的夹杂中。它就像一个受气包，旨在努力调节三者之间相互冲突的难题。超我则代表社会准则、良心和自我理想，就像一位极其严厉的家长，属于人格的上层领导，它遵守至善原则行事，时刻指导并且限制本我。

总而言之，只有三个"我"和睦相处，互相包容，才能不断保持平衡，促进人的全面健康发展；每当三者发生争吵的时候，人们不禁会怀疑"这一个我到底是不是我？"内心有一个人不停在同自己对话："做得？做不得？"自己是因为欲望和道德的冲突而痛苦不堪，还是因为自己某个突如其来的丑恶念头而惶恐不安？因而这种状况一旦持续得久了，冲突会显得越来越严重，这也就导致了神经症的产生。

既然弄清了人类的"三我"，我们就应当对社会给予我们的期望和赞许进行一次解析。这不仅有助于社会的和谐和进步，有利于文明社会的构建，而且最终归根结底就是为了不断满足人们的"本我"要求。这是一条双赢的途径和办法，也是一条永久运作下去的社会规律。

所谓赞许的需要，就是指希望得到别人的赞许。也就是说，人与人之间的交往是建立在赞许需要的基础上的。获得一定的成就也是建立在赢得别人的尊重和赞许的基础上的。社会赞许动机是由社会赞许的需要发展而来的，是一种以获得他人或团体的赞誉为目标的动机。有的人几乎会不惜一切代价，就是为了争取获得他人的赞许，从而使他人开始喜欢自己。从反面上来看，如果某人所取得的成就和所做的努力并没有得到别人的称赞，那这个人很可能就不会再在这方面继续努力奋斗下去。我们发现，在人的生活中，每一个人都在乎自己是否获得别人的赞许，并且尽量避免别人的指责和讨厌。

动机既可以分成社会性动机和生理性动机，又可以根据动机的社会意义分为高级的动机和低级的动机。赞许动机是解析许多社会行为的一个重要的线索。人为什么要做与别人类似的事情并且要入乡随俗，甚至去做别人喜欢而自己不喜欢的事情等行为，几乎都与赞许动机有关。

从强度上来看，动机可分为主导性动机和非主导性动机。从时间上的持续上，动机可分为远景性动机和近景性动机。然而，动机的分类不是绝对的，人类的动机系统是复杂的，不同的动机可以联合起来，共同的动机是许多人群行为的基础。

大学生作为社会的一个重要的构成主体，其行为应该引起我们极大的关注。之前，大学生竞聘"搓澡工"的现象曾引起人们的广泛关注。据《南方都市报》跟踪报道：位于北京市牡丹园附近的某洗浴中心为了平息当代大学生的浮躁心态，让他们能够以低调的姿态进入社会，打出了招聘一批具有大专以上文化程度的服务员并以"每个搓澡工每小时补助58元"等优厚条件的广告吸引他们。其实，许多大学生都愿从"搓澡工"基层岗位干起。

为什么会产生这样的现象？也许是优厚的薪酬待遇成了吸引大学生应聘"搓澡工"等基层岗位的重要原因。其实我们可以这样想，按"搓澡工"每人每天工作四小时计算，月薪可达6000元以上。其实即便应聘"公司顾问""文案"等"体面"职位，被公司录取后也还是要从洗碗工、搓澡工等基层岗位做起。换句话说，从"搓澡工"干起绝非权宜之计，这样人们就可以渐渐理解了。《新华每日电讯》编辑吴建路、林晓蔚在编辑"搓澡工"一文时，就对大学生低调就业做出了高度评价："这代孩子们的适应能力，比我们想象的要强得多。别老瞎'操心'了，有工夫不妨祝福他们一下吧！"祝福他们，我们没有理由不祝福他们。一说到大学生，人们自然会提及大学生就业难这个话题。

大学生低调就业，必将有力地促进和形成新的日趋合理的社会分工，推动社会生产力的迅猛发展。换句话说，大学生低调就业是社会分工的必然。大学生争当搓澡工已经算是一种"很正常的现象"。伴随着我国高等教育完成从"精英教育"向"大众教育"的转变，工作岗位"下移"已经成为社会发展进步的一种必然趋势。即便这是一个必经的过程，也只是一种分娩前的阵痛罢了。

毫无疑问，转型时期的许多不公平，冲击着大学生就业时的"浮躁"心理。大学生为什么就业这么难？从客观上讲，是因为经济发展难于满足人民群众的就业需求导致的。但是，我们也要从另一方面看问题：当代大学生作为社会中的一个不可或缺的群体，本身也受到"本我"意识的强烈约束，对自我价值的实现的急切愿望也造成了他们对社会产生了期许和愿望。他们希望社会不但能满足他们受教育的权利，同时也要满足其就业和实现人生价值的愿望，这就使导致其就业难的因素复杂化了。大学生对个人价值的体现的愿望，突出了人类的各项活动的最直接目的无非就是要满足"三我"的各方面要求。与此同时，"本我"的位置也被提升到了不可替代的高度。很多人都认为，大学进行扩招学生并且普及大学教育的同时，也"一不小心"造成了部分大学生的就业难。其实，现有经济社会的发展已经越来越难以提供传统意义上的足够数量的大学生就业岗位。这是客观上对他们就业难问题的分析。从主观上看，"学而优则仕"及其传统就业观念深深烙印在部分大学生的脑海里，致使他们的思想观念难以尽快更新，在就业中常常表现出"高不成，低不就"的姿态，甚至自命不凡，装作清高，最终白白错失就业、升迁、创业的大好机会。

对大学生低调就业，社会各界人士应更多地支持并理解他们，并且尽可能地为他们低调就业创造条件，因为这是他们正确就业心态的社会回归。这也充分说明了发展中的问题更多地只能在发展中才能加以解决的道理。

在纷繁复杂、鱼龙混杂的娱乐圈里，每个艺人的小小举动都会被媒体和街头小报撰写者们用放大镜无限地夸张扩大，甚至还时不时地进行添油加醋的更新和修改，满足了窥探者和冒险者的好奇心。这是娱乐圈的一种规则和圈内人物的宿命，因而当一些负面新闻产生并影响了他们的生活时也没有什么好抱怨的。新闻的趣味马上展现张力。人与非人的距离，其实不是太远。例如，新加坡动物园的红牌明星阿明不在了，约4000名民众依依不舍地去送别深入民心的苏门答腊红毛猩猩，把它当自家亲人那般怜惜。这显然是动物展现出的灵性现象。从人的角度来看，很有人情人性的感动力量，是动物很接近人的角度。况且动物都这般近人情，更何况是人类，我们应该更理性地从人的本我的欲望来看待这个问题。

弗洛伊德认为的心理动力学是指在意识和潜意识的形成与相互关系中，它分别代表了人类精神的本我、自我与超我。正因为人类有很多的道德伦理的限制约束，因而他们的原始冲动根本不可能像动物那样无时无刻地显示出来，却总是在压抑与控制的状态中生存，隐藏于潜意识之中，等到爆发的机会伺机而动。

在这三种精神层次的不断拉扯和纠缠挣扎中，人们的人格渐渐被塑造。其实，人们偶尔在没有人看到的阴暗角落里压抑不住内心原始的本能，希望它们能得到尽量地满足，暂时顺从了"本我"的欲望。然而在满足众人的期待过程中，人们又必须把道德良知抬到很高的位置，给自己制造压力与牵制。只有"自我"是相对"正常"的，是可以面对自我与人群的综合体。

坦白说，那些借种种道德名目窥探明星们私人淫照真相的好奇公众自身也被"本我"的欲望牢牢控制着，但却用这些淫照来鄙视和唾骂它们的主人，想起来也够可笑的。殊不知，"本我"原本就与生俱来，当人的行为最靠近"本我"的界限时，就要追求口腹与下半身的饱足享乐，这是需要自然空间的时段。

这些看客们只不过把过多的本应用于其他方面的注意力投注在追求表相的虚伪上。他们总是以"超我"的角度，去要求常人应该做什么，不应该做什么。他们也从这个角度看待动物的行为，才会理直气壮大放厥词地批斗别人的"不可饶恕"的行为。仔细想一想，某男星和他的众多女伴们，是社会过分强调的"超我"与独特的集体"本我"控制下的受害者。要怪只怪他们选择了娱乐圈这个极其敏感和集聚了许多潜规则的地方作为自己实现人生价值和社会价值的"宝地"。

　　社会只有给那些因无法对"本我"进行积极有效的控制，让"本我"远远驾驭了自我的人一定的帮助和多途径的赞许，对他们进行多方面的心理指导和理解，帮助他们在人格的积极塑造的过程中获取一定的信心，才能让社会减少此类型的悲剧发生。当一个人的人格得到了升华，他就得到了正确把握"本我"的秘方。

第五部分

剖析爱欲：
性是很美好的爱

谈到性，笔者就不得不提到孟子，《孟子·告子上》"告子曰：食色，性也"，意思是说食欲和性欲都是人的本性。这句出自两千多年前孟子的名言，时至今日，仍不失其熠熠光辉。随着社会的发展，人们思想逐渐得到解放。当我们对谈性色变的性爱禁区发动抨击的时候，这句话便是我们强有力的思想利器。然而，这句话只道出了一个基本事实，缺乏更深刻的思考。食欲和性欲，不仅人有，其他动物也有，而且似乎比人更强烈。但同样作为本能，人和动物却有截然不同的区别。动物完全依照本能行事，人却要让自己的本能接受理智的制约。人类的性活动是受心理高度影响的行为活动。人的性行为并不是单纯地受激素水平的支配，人类已不再像动物那样仅在发情期才进行交配，在一年四季任何时候都是可以性交的。人已摆脱了单纯生物因素的束缚，人有自我意识和主观能动性。假如动物"赴宴"，它们不会有任何顾及，而是任其本能所为；而人类会在社会行为规范的影响下控制自己的行为，一般情况下，宁肯一时饿肚子也不会轻易打破规范。

　　什么是爱欲？爱欲就是爱本能，也是性本能。弗洛伊德认为性欲本能是人精神活动的基本动力。其精神分析学说有两个基本的命题：一是潜意识；二是性冲动。潜意识和性冲动都以爱欲为其核心。他用力比多，即性力来表示性本能的能量。性本能是构成本我的重要部分，它所遵循的是唯乐原则。弗洛伊德认为性欲及其能量力比多生来就有，婴儿也有性欲，只不过表现形式与成人不同而已。

　　性是人类生命的源泉，是整个人生不可或缺的一部分。我们每个人都是性的产物，正是因为父母的性结合，才有了我们的降生。人一生下来就具有了性的天赋和本能，或男或女，持续终生。在人类社会发展过程中，人们创造了丰富多彩的性文化，受此影响，人类的性活动已超越了动物的自然属性，被赋予了更多的社会学和心理学的内涵。无论我们是否意识到，性总是或多或少地影响着我们的思想、情感和行为。性不仅关系着个人，它也关系着夫妻、家庭，甚至是整个社会的幸福和稳定。

　　说到性，似乎人人都明白什么是"性"，但是，倘若要真正地对性下一个定义，恐怕多数人都会困惑，因为它有很多层次上的含义。性可以指性别、可以指性器官，也可以指功能，或者指生殖能力，在心理学上可以指男性的阳刚和女性的阴柔等，而性在行为上则有更多的含义。显然，我们很难给性下个明确的定义。通常我们会把性理解为成熟男女之间的与生殖有关的性交行为，这个定义本身并无什么大的问题，可是，人类的性行为跟动物的性交有本质上的区别，每次性行为的发生并不单纯是为了怀孕，更多的是为了满足生理及情感上的需要。

25

懂得性是爱的
表达方式

    多年前那一部备受国人争议的《色，戒》让我们对当今社会逐渐开放的性问题产生了一定的思考。很多人都不再羞涩并躲躲藏藏地关起门来讨论人类的本能——性，这个难以启齿的话题，而是放下羞羞答答的表情津津有味地悠然躺在沙发上欣赏这部电影。争议是社会给的，但欣赏却是自己的。他们不断剖析着自我内心的本能欲望，懂得了性爱的本质是什么。性，是爱的表达，是爱的表征。著名电影导演李安把张爱玲的小说《色，戒》搬上了荧幕，用自己独特的视角剖析了那段王佳芝用性爱交换了汉奸易先生的信任与爱情，以获得部分日本帝国主义军报的故事。这部电影引来无数争议和骚动。我们暂且跳出电影改编是否忠于小说原著的俗套探究，仅就王佳芝怎样由一个爱国女学生一步步陷入假戏真做的泥潭，用自己内心渐渐演变成对易先生的爱用性来完美地诠释了爱情的纯洁和美好。李安的《色，戒》拍出了张爱玲写出来的《色，戒》，也拍出了张爱玲没有写出来的《色，戒》。

    研究表明，用性的方式表达出爱不是件容易的事。你可能会质疑这种说法，因为对于大多数未进入婚姻的"围城"的情侣们来说，性即是爱，无爱即无性。他们沉浸在温婉的爱河里享受性爱带来的美妙，但是面对社会上很多失败的婚姻的实例，我们得出一个结论：也许夫妻双方在性的问题上出现了矛盾。他们也许不能互相满足对方的性爱需求，不能在性爱的交接中获得美妙的感觉。但是，这种认识本身就很可能存在问题。在很多的婚姻中，人们缺失的不是性而是爱。很多夫妇维持着婚姻关系。从表面上看，他们在一起和谐地生活和工作，但他们在爱的感受上可能存在着极大的差距。他们之间的关系与其说是相互愉悦的强烈的依附，是一种身体的缠绵和黏合，倒不如说更似一种家务程式和规律。在很多的婚姻中，性不是表达相互依附的恒久欲望，它已演化为一种要求和义务。如果夫妻之间没有了性爱，那在外人看来将是一段失败并将走向尽头的婚姻。这是中国传统的看法。其实在他们的潜意识中，性爱在婚姻中的地位无可取代，也是一种幸福婚姻的标榜。

我们有无数个理由坚信性是人类生活的重要内容，是爱情不可分割的一部分，甚至可以坚信能够公开地谈论性是人类社会的进步。如果把夫妻性生活中的协调，比作双方投资都在搞基本建设，恐怕很多人都会说太牵强了。其实这是话糙理不糙。人人都知道，"一个巴掌拍不响"。如果老是一方做出努力，而另一方却无动于衷，再有耐心的人也终究会疲软，不再对性生活产生很大的幻想。

弗洛伊德对性概念做出的最为充分的探讨表现在他著名的书籍《性学三论》中，他对性倒错的研究也非常深入，他认为，性本能起初好像是独立于对象的，它的起源也不是因为对象的吸引才这样的。性本能原本就不是单一存在的，而是由多种因素共同组合而成的。其实人的身体原本就存在着一个快感区，这个快感区的生理变化一般类似于生殖器，他认为快感区的适宜刺激可带来一种异样的性快感。

弗洛伊德曾经还通过对童年期深入的研究而大胆提出了"性欲发展阶段论"，他认为，性是天生就伴随着我们成长的，它刚开始是服务于人的许多营养需要，后来才成为独立的人体需要。一般来说，进行性体验的中心最初是口唇，之后便是肛门，最后则固定在生殖器，因而口唇和肛门则作为主要的快感区继续为人类的性目的服务。其实人的内脏也可以成为人体的快感区，只是没有肛门和生殖器那样明显地表现出来。弗洛伊德甚至还认为，身体的任何部分和任何感官似乎都可以成为一个快感区。弗洛伊德对于性倒错和幼儿性欲的揭示逐渐将性概念丰富起来，并归纳为快感体验的共同性上。也就是说，从空间的弥散性上看，身体内不同的快感区都可以带来性快感。同时，从时间的一致性上看，相同的快感区在一天中的不同时段也可以带来性快感。

性学专家弗洛伊德曾经这样认为：人类的各种原始本能的大本营一开始就居于本我，然而本我又是各种本能活动能量的初始源泉。他把性欲本能的能量叫作力比多，力比多根据个体的情况进行灌输、活动或转移。他还认为爱及生存本能与攻击和破坏本能虽然是对立的，但仍然相互转化（如真爱转化为仇恨），甚至还可以结合在一起。一旦性欲本能与攻击本能互相结合后，那些指向外界的性对象的行为则形成性虐待，而那些指向自身时则逐渐演变成性受虐心理变态。

他提出的这些观点与现代人追求的性爱也有一定的关联和共同点。总的来说，就是与人们的肉欲、亲昵行为有关。现代人的性爱观点总是以越来越本能的形式反映其最初的生理欲望，而且越是在被压抑但又被当今的许多媒体可以挑逗的时代，这种欲望就越有可能决堤般的爆发。

肉欲是身体获得快感的一种方式。它是人们体验的一部分，与触觉、视觉、听觉、嗅觉和味觉这五种感觉有关。享受其中任何一种感觉的乐趣，都可能是"肉欲的"。肉欲也是性反应周期的一部分，因为它是使人们享受并对性快感做出反应的生理基础。人们是否觉得自己有吸引力和以自己的身体为自豪，影响着其生活的很多方面。所谓"皮肤饥渴"，就是指人们需要他人以爱或关心的方式触摸或拥抱。青年受到的家人的抚摸通常比少年时的少。因此，许多青年通过与同伴密切的身体接触来满足他们的皮肤饥渴。性交在一开始可能是由于青少年需要被拥抱所致，而不是出于对性的渴望。

亲昵行为是性特征的另一部分，它与人类关系的情感方面相关。人们爱别人、信任别人和照顾别人的能力取决于人们的亲密程度。人们是从周围的人际关系中，特别是从家庭成员中获得并学会亲密的。情感的风险投入是亲密的一个特征。要和别人建立真正的亲密关系，必须敞开胸怀，和别人分享自己的情感等个人信息。这样做的确有风险，但如果不这样做，亲密关系就不可能形成。

夫妻间的性关系其实也是一种合作关系，没有人愿意在一种合作关系中总是吃亏，也无法长期容忍另一方总是占便宜。夫妻性生活里的互相奉献与互相回报，一般都是心照不宣，很少用语言来明说。但是这种"交换"实际上确实存在，而且恰恰因为做出了奉献的那一方不会明说，另一方就更容易忽视，更容易在无意中伤了对方的心。

很多处于婚姻中的人把无爱的婚姻当作一方对另一方的似罪又无罪的潜意识的性侵犯。没有爱情的婚姻就等于被强奸了一辈子，从而有人认为，等待爱情的过程就犹如被判了无期徒刑。嫁错还是不嫁，仿佛选择一辈子被强奸还是无期徒刑一样难以抉择。一个人怎么可以和自己不爱的人结婚生子？越来越多的互为鸡肋的夫妻们并没有主动地去了解对方的欲望，而是选择沉默接受这种难以启齿的状况。而对于那些宁缺毋滥的人来说，当自己选择了无限期的等待，也就意味着不知道要等到什么时候才会在人海中找到那个他或她，他们也许会过着越狱囚犯的生活，终日都提心吊胆，不知道什么时候会得不治之症。所以无论是宁缺毋滥还是宁滥勿缺，都是注定会一直痛苦下去的。

曾经，关于"婚内强奸"是否触犯了法律的法律节目通过电视这个极具影响力的媒体向广大民众传播了这一个新兴的话题。为什么说它是新兴的话题？因为早在20世纪四五十年代，中国人的夫妻生活远比现在物欲横流的社会中的夫妻生活更加平静与和谐，他们不必终日因为一放松警惕就让无处不在的"小三"对自己的老公或老婆下手，背负很多原本不必要的思想负担，更不必因为社会的无限的物质和精神诱惑而饱受"本我"与"自我"之间长期的抗衡，不停地向原本的呼之欲出的欲望发出挑战书。他们只是秉承着中国传统的儒家思想里的"以和为贵""清廉持家""清心寡欲"的理念，在各自的岗位上做着本分的事情。即使当时辛辛苦苦地养育了好几个儿女，终日为他们的生活、教育等问题焦头烂额、含辛茹苦，大多也最终在夫妻双方恩爱和气的环境下将他们一一抚养成人。而且每一个孩子还在社会上做出了自己应有的贡献，他们孝顺含辛茹苦的父母，贡献出自己的一份力量来回报社会，做一个踏踏实实生活的好公民、好儿女，可谓是幸福和无杂念的一代。

可是，几十年过去了，社会高速运转，文明不断进步，科学技术日新月异，人们的物质生活条件变得越来越丰富优越，人们的精神生活也跟着出现了越来越多的选择空间，人们不再满足于上代人所生活的圈子范围和模式，不再将父母辈的爱好当作自己学习的榜样，甚至还将之当作过时的思想完全摒弃，去寻求属于他们这个时代的另一种潮流和爱好，这是一种必然发生的改变和进步，也是文明不断前进所必需的过程。于是，"小三"们纷纷闯入了人们的夫妻生活，"周末夫妻"出现了，"鸵鸟爱情"也向人们宣战了，在为家庭丰富的物质生活而不断奔波忙碌的人们开始忽略了最初的婚姻的真谛，也许是生活的残酷将他们慢慢磨成圆形的球，没有了轮廓，也就没有了最初彼此美好的愿望和对爱情恒温状态的信仰。"婚内强奸"的现象出现了，不管是从相亲的场合中牵手而来的夫妻，还是最初轰轰烈烈地开始恋爱的夫妻，都难免要面临生活再平淡不过的氤氲和"腐蚀"。

婚内强奸，按照理论上的阐释，是指在夫妻关系存续期间，丈夫以暴力、胁迫或者其他方法，违背妻子的意志，强行与妻子发生性关系的行为。

国内第一个促成了婚内强奸案的"始作俑者"便是王某。他与妻子即被害人钱某在1993年登记结婚，然而，在婚后的生活里，王某却逐渐暴露其隐藏至深的令妻子难以接受的本性，因而夫妻之间也逐渐产生不可调和的矛盾，争吵声总是从他们家里传出来，两个人只觉得隔阂也越来越多，最终导致感情完全破裂。于是在1997年10月8日，上海市青浦县人民法院应王某离婚的请求而判决准予夫妻俩离婚，只是判决书当时尚未送达当事人那里而已。然而在这期间，当被告人王某到前妻钱某处拿东西时，见钱某在收拾东西，也许是因为本能的性欲望的渴望而对她产生了非分之想，便对其提出无理的性交的要求，但是前妻钱某并不允许，于是王某便使用暴力强行与她发生性交，从而导致钱某的胸部、腹部等多处地方被咬伤、抓伤，钱某精神上也受到极大的冲击。上海青浦县人民法院经审理后认为，是王某自己主动起诉前妻钱某，并强烈请求法院判决解除与钱某的婚姻关系的，但是法院一审判决准予离婚后，双方对此都没有异议，这就意味着两人均已不具备正常的夫妻关系。换句话说，在此情况下，王某如果还要求钱某与其进行性生活，则已违背妇女意志，因而采用暴力手段，强行与钱某发生性关系的恶劣行为已构成强奸罪，应依法给予惩处。因此，最终让很多从未听过这个罪名的人们惊奇的是：公诉机关指控被告人王某的犯罪罪名成立。1999年12月21日，青浦县人民法院依照《中华人民共和国刑法》第236条第1款、第72条第1款的规定，以强奸罪判处被告人王某有期徒刑3年、缓刑3年。一审宣判后，被告人王某认识到了自己的罪行，最终选择了服判，未上诉。这是新刑法实施以来上海判决的首例婚内强奸案，也让人们对身边的类似事件引起了相应的关注，更加注重审视自己的婚姻问题。

　　随着文明的脚步不断前进，这种现象也许会愈演愈烈，这不但使社会夫妻们遭受更多不堪的生理和心理创伤，更会给家庭的其他成员造成极大的伤害，这是任何东西都不能弥补的。性，应该建立在彼此的爱上，也只能用爱来完美诠释。

26

没有性的婚姻
不是真正的婚姻

没有性，婚姻的质量难以保障；缺少爱和亲密，性往往也会跟着出现问题。性心理学家弗洛伊德认为，夫妻间的性协调，就好像是一两个合伙的投资建设公司在运转，合伙公司运转得好坏，最重要的因素就是双方投入的东西与所获得的东西是不是基本相符。所以性关系和婚姻一样，需要我们带着尊重和理解，用心去经营。

关于性，我们有太多的误区。你可知道，夫妻间的性，究竟对婚姻生活起到了什么样的作用？在美国，平均每个月不足一次性生活，就被称为"无性婚姻"。如果按照这个标准，中国的无性婚姻比例将不低于20%。中国至少有2/3的夫妻离婚是因为性生活不和谐。中国人很少谈论性，实际上，越不愿意谈性，对性的了解越少，对婚姻的负面影响就越大。

在中国，无性婚姻由来已久。有这样一对夫妇，丈夫是一位中学老师，思想非常保守。妻子是一位文艺工作者，性格很浪漫。丈夫认为性没有用处，宁肯把时间和精力都用在提高升学率上，所以，夫妻俩常年没有性生活。妻子曾经把一些性学的科普文章悄悄放在丈夫桌上，希望能够引起他的注意。丈夫却嗤之以鼻："成天整这些没用的！"

这位妻子一直撑到女儿考上大学，才向丈夫提出离婚。丈夫还很惊讶："我们的感情不是很好吗，为什么要离婚？我们都多大岁数了，丢不丢人？"

妻子愤怒地大喊："我是一个人，我有正常的性需求！不是为了孩子，我早就跟你离了！"

实际上，每年高考之后都会出现中年夫妻的离婚高潮，其实这和无性婚姻有一定关系。至少，无性婚姻是不正常的，是没有存在的必要的，应引起人们足够的重视。

而有些年轻夫妻，则可能是受到处女问题等困扰，而对性失去兴趣。

有这样一对夫妻，两个人本来是青梅竹马，感情非常好。但是洞房花烛夜时，妻子却没有落红。这让丈夫感觉自己被心爱的女人背叛了，于是痛不欲生。夫妻俩因为这个事足足折腾了两年多，差点儿就一起自杀！但实际上，很多人并不知道，根据统计，20%的处女膜在初次性生活时不出血，这跟血管的多少与膜的薄厚有关。

另外，现在的女孩又不像古代的女人那样大门不出二门不迈，激烈的运动、跌坐外伤、骑自行车等都可能导致处女膜破裂。没有落红，不代表女性出轨或男性无能。

其实，即使婚前有过性经历，女性也没有必要为此而感到自卑和内疚。因为夫妻对彼此是否忠诚，应该从结婚的那一天算起。如果男人对妻子不是处女耿耿于怀，那么失去这样的男人也没什么可惜的。因为他爱的不是你这个人，缺乏尊重和信任的婚姻是很难长久的。当然，无论男女都要爱自己，真诚和慎重地对待性，不要轻率和盲目，甚至滥交。

还有的女性，受到社会环境和家庭的影响，认为性是一件肮脏的事。

有一个女士，结婚5年，从来没有体验过一次性高潮，而且她觉得自己的下半身很脏、很丑。被妻子屡次拒绝，丈夫也感觉很受伤，夫妻俩的感情江河日下。

明眼人看来，这真是咎由自取。不好好做，哪来的高潮？性是生命的开始，没有性，怎么孕育生命？性本是一件非常美好的事，恰与"肮脏"之说截然对立。如果这对夫妻能用"美好"替换"肮脏"，彻底改变性观念，这位妻子不再抗拒丈夫的爱抚，夫妻俩的感情也定会慢慢变得融洽起来。

男人会性冷淡吗？答案是肯定的。最近十几年，中国男性性欲低下已经成为最突出的性问题。很多身强力壮的年轻男性，结婚没有几年，远远没有到视觉疲劳之时，也会出现性冷淡。

男人性冷淡的原因很复杂。首先是社会压力。过去的大学生工作和住房都靠国家分配，生活虽然不富裕，但是精神压力不大。尤其是生活在北上广这样的一线城市，每天上班、加班、应酬、交通要花费十几个小时，回到家时筋疲力尽，还要上网、打游戏，凡此种种，自然没有做爱的心情和精力。

其次是夫妻的亲密感不足。只有足够的共处时间，才能使夫妻双方建立亲密关系。如果一方忙着加班、应酬、玩乐，经常不在家，夫妻俩没有共同生活的时间和空间，亲密度不够，性欲自然也会降低。

另外，即使双方都在家，但是各自沉溺于电视、手机之中，全程没有情感交流，那么男人的性欲也会受到影响。习惯成自然，做爱次数越少，对性就越不感兴趣。

还有一些男性表现得冷淡，是因为婚姻关系出现了问题。比如，有的妻子比较强势，什么都想管，甚至让丈夫兜里没有零花钱。丈夫就用性来惩罚、报复妻子："你想让我理你，我偏不理你！"也会产生"我看不上她，就不跟她做！我费那么大劲儿伺候她干吗"这样的想法。

还有的男性认为一滴精等于十滴血，担心做爱次数多了会伤身。有一位年轻的男博士坚持每个月只和妻子做做一次，而妻子希望每周一次。他说："做爱太伤身了，我做一次，一周都缓不过来！每周一次，我的博士论文还写不写？"实际上，做一次爱只消耗约300大卡热量，相当于爬3层楼，又谈何

"缓不过来"？有的男性做爱后出现头晕、眼花、乏力等症状，这其实是因为本身亚健康或者肾虚，毕竟做爱是不会伤身的。

还有一个容易被大家所忽略的原因，就是懒男人越来越多。做爱不难，但是让妻子获得美好的感受却不是一件简单的事，男人要付出很多努力。比如，要耐心地调动她的积极性和热情，讲究一点儿浪漫情调；做爱前、做爱中、做爱后都要关心和照顾她的感受和情绪；要忍住发泄的冲动，给予她温柔的爱抚和前戏；还要对妻子甜言蜜语，赞美她的身体和反应……

如果做得不到位，妻子得不到快感，可能会忍不住抱怨、唠叨和发脾气，有些男人就觉得做爱很麻烦，懒得做了。

性，应该是爱情水到渠成的结果。夫妻双方要带着尊重和理解过性生活。

我们现在都知道和谐的婚姻，需要夫妻互相尊重和理解。其实，想要拥有和谐的性关系，更加需要尊重和理解。

1. 尊重对方的生理特点，多多包容。

有的伴侣性需要比较多，要尽量适当地多给他（她）一些机会，不要只顾自己的感受。如果自己当天确实不想要，可以用委婉的方式来拒绝，避免让对方受到伤害。比如说："我今晚没有心情做爱，很想坐着和你聊聊天。""我们拥抱一会儿，好吗？""我其实更想和你看看电影……"

有的伴侣性需要比较少，可以通过温柔的拥抱、浪漫的情调、肯定的言语、深情的眼神唤起对方的热情。先亲吻试探一下，再摸一摸身体，一步步来，看看对方的反应。如果对方表现得确实没兴趣，建议最好停下来。

当然，夫妻双方也可以通过沟通，调整彼此的性需要和性期待，让性生活更加合拍。

2. 尊重对方的意愿，不要强迫。

有一对夫妻，丈夫喜欢早上做爱，因为精力充沛。可是，妻子每天早上都要叫孩子起床、做饭、送孩子上学，忙得团团转，精神非常紧张，于是经常拒绝丈夫的性要求，丈夫就非常生气。其实，丈夫不够尊重妻子，没有照顾她的心理。还有些男人，因为妻子拒绝性生活而实施暴力，或者对其婚内强奸。

这样的做法无疑会导致妻子恐惧、厌恶性生活，甚至患上"性交恐惧——阴道痉挛"的性障碍。有的男性因为工作疲惫，不想进行性生活，妻子就摔摔打打、撂脸子，逼着丈夫吃春药，反而影响了性功能。

3. 尊重性权利，别过度解读自慰。

有一位女性偷偷自慰时，被临时回家的丈夫撞见了。他勃然大怒，吼道："你居然买自慰棒！难道我满足不了你吗？"他认为性是男人的事情，只能由他来发动、主持性。有的女性看见丈夫自慰，也感觉自己受到了侮辱，觉得对方认为自己没有魅力。他们的问题是，都认为伴侣的性必须归自己所用。世界卫生组织宣言，人人都有自己的性权利。自慰其实就是一种性权利。性是双方的事情，每个人的性需求不同，完全可以通过自慰来满足自己。

4. 尊重性的边界，不要败性。

和婚姻一样，性也是有边界的，不要做越界的事情。无论多么不满，都不要口出恶言，骂对方"性无能""阳痿""性冷淡""淫荡""色情狂"这样的话。也不要说"你从不""你总是"开头的句子，因为这样的句子是在指责对方。口出恶言，不仅深深伤害对方的自尊，更会伤害彼此的感情，导致夫妻关系紧张。

有些做法出发点是好的，但也可能会败性，所以要谨慎对待。有一位男士去陪产，想亲自迎接宝宝的出生。但是，看见妻子生产时血淋淋的场面以及恶心的排泄物，他心理受到极大的冲击，很久不能过性生活，婚姻也因此处于冻结的状态。

有些女性要求丈夫陪产，是想让丈夫看见自己生孩子多艰辛，让他更加心疼自己，避免将来出轨。但是陪产确实可能会让妻子们毁了性福，所以最好别把陪产作为教育丈夫的机会。

5. 尊重性生活本身，性爱不是交易。

有的女性把性作为一种筹码，甚至当成一种讹诈的手段。你想和我做爱，那你得给我买一个名牌包，这周的家务活都得你干，你要带我去欧洲旅游，你要帮我娘家办点儿事……

如果只是偶尔为之，丈夫还觉得妻子只是撒娇，当成一种情趣。但是，如果妻子经常这么干，那么丈夫肯定会觉得妻子太算计，心生反感，影响夫妻感情。

总之，美满婚姻是性和爱的统一。没有性，婚姻的质量很难保证，这样的婚姻迟早会出问题的。

27

理性看待
"周末婚"

  周末婚是一种新鲜的婚姻形式，即男女双方领了结婚证，在法律名义上是夫妻，但在周一到周五工作日，住各自的房子，过各自的单身生活，只是在周末聚居在一起，过夫妻生活。周末婚的热潮，先是因为日本电视剧《周末婚》的播放，后在中国一些大城市被白领阶层效仿。日本女作家内馆牧子早在20世纪90年代末写作的名为《周末婚》的小说里，就提出了"周末婚姻"的概念。建议缔结连理的男女可以继续过独身生活，旨在周末做正常夫妻，完成婚姻使命。内馆牧子女士的"馊主意"摆明了是要用来对抗钱钟书先生的"围城说"，钱钟书先生在《围城》中曾说：认识一个人最好的方式就是和他（她）去旅行。在旅行中，左手牵右手，把臂同游，共同待人赏物。他是温柔体贴，还是暴躁易怒？他是否和你一样喜欢自然风景，还是同样流连于市井人情？一起旅行吧，看看在这段爱的旅途上，你们能走多远，能有多亲近。并企图彻底粉碎"婚姻是爱情的坟墓"的传统魔咒。

  周围一些强势女性总跟朋友抱怨自己惨淡疲惫的夫妻生活，当枕边人成了"顾问"（顾得上就问候，顾不上就不问候），私人空间总被"夫妻"之名扯得支离破碎，烈焰浓情则让习惯所代替，我们便不由得开始"反省"我们当初的选择，婚姻备受质疑是在所难免的事情。尤其女人在被鸡零狗碎的琐事重重包围时，她就注定要承受从"水做的女孩"变成了"泥做的妇人"这一残酷转折。自从戴上婚戒的那一刻起，可能便预示着从此超市与菜场里增多一位脚步匆忙的女子。购物袋里装满了婴儿尿布和奶粉，事业或爱好便成了镜花水月。

其实国内首次掀起的"周末夫妻"的风潮是从上海开始的，而且主要以年轻夫妇居多。这些年轻的夫妻可能在同一个城市里生活、工作，为了各自的梦想辛勤奋斗，但他们却不能像中国传统夫妻一样保持每天甜蜜的同居生活。他们或许是因为平日工作太忙、来回交通不太方便、往返费用太不划算；又或许他们的后院早已着火，就是说感情已经渐渐平淡，不像以前那么甜蜜恩爱了；又或许他们彼此正在试图借助一个距离摆脱对方，想给自己一定的呼吸空间。两性专家认为选择这种"周末夫妻"的婚姻方式主要是因为交通不便。现代社会，能够找到理想的职业越来越难，有时为了紧攥住一个饭碗，不得不牺牲个人权利。而且婚姻的一方或者双方都希望保留各自的独立空间，这样才能不被婚姻中烦琐的细节和众多矛盾所烦恼。

其实两性专家普遍认为，相对于婚姻本身而言，夫妻双方都是组建这个有机体的重要因素。这两个要素一直以来都存在着根本性的对抗性，两者通常会寻找机会彼此消耗下去。独立的空间有助于这两个因素各自的生长。第三个理由，婚姻本身需要缓冲区。婚姻从最初的建立到逐渐稳固有一个过程。"周末夫妻"由于给出一个缓冲区，婚姻的成长过程就变得平稳一些。第四个原因指的是人的正常的生理要求。夫妻之间的性生活还是应保持一定的节奏感为好。"周末夫妻"的生存状况其实给传统的性生活提供了崭新的经验，这对性爱来说应该是利大于弊。

值得注意的是，"周末婚姻"的形式本身是人为的，是人们为了保持婚姻的新鲜感和完美感而作出的稍微退居婚姻围城之外的新型方式，夫妻之间可以不必为了日常生活中柴米油盐的鸡毛小事而大动肝火，不必因为终日面对着同一张脸而日渐感到厌倦，即使是曾经多么轰轰烈烈相爱的两个人，在时间无情的消逝中，他们也会逐渐陷入生活的平庸和烦恼之中。有这样一种说法：牵手于高档餐厅里的两个人，必将分手于平庸的厨房中。因为在两个人的眼里，只有华丽装饰和闪闪夺目的美景，陪衬着高档餐馆里撩人心情的舒缓音乐和服务员们置你于上帝般的待遇，感觉这两个人就是随心所欲任意摆布命运的天神了。可是，当他们回归需要时，而非由于客观原因造成的分居，试图通过人为的手段保持与"新鲜"俱在的种种"效益"，只能让人觉得造作，更不可能唤回真正深刻的爱情。真正深刻的爱情是一种发自心灵深处的与所爱之人结为一体的强烈渴望，是恨不能每时每刻永相厮守的深层生命体验，视为对方快乐牺牲自我为一种荣幸的无私奉献，它所需要的只是一种心与心的强烈碰撞，是可遇而不可求的。试图通过"周末婚"维护爱情，寻觅永恒，注定会适得其反。

"周末婚"本质上是反抗情爱日薄的时代症的手段，是对牢固情感的一种追求。"周末婚"的支持者更多为女性朋友，因为她们对我们这个社会情爱淡薄的"时代症"更为敏感，也更多受其伤害。她们时常痛苦于理想中浪漫永恒痴情的难觅，对男人、爱情以及婚姻存一份强烈的不确定感，乃至失望。当看多了婚姻失败的实例后，她们对步入婚姻深存一份恐惧。然而，尚存于心的情爱理想使绝大多数的女孩不可能选择独身生活。这便将她们置于一种深刻的矛盾中：她们渴望婚姻，又畏惧婚姻。她们即使不愿意完全相信结婚是爱情的坟墓，也认定日常的婚姻生活会冲淡双方的感觉，破坏他们的感情。于是，一种两全其美的现代方式便应运而生了——"周末婚姻"。需要说明的是，主张"周末婚姻"的女孩不仅是对男人没有信心，往往对自己的情感将来会怎样变化也没有把握。可以确认的是，主张"周末婚姻"的女孩都受过情感伤害，只是这种伤害不足以令她们完全绝望。

"周末婚"主张者还希望以此保留更多的私人空间，使自己不会因家庭琐事而让事业受损。另外，毕竟这是一个个体意识越来越强的时代，我们经常会觉得，完全接受另一个人的一切是很难的，每天都与另一个人绑在一起是件痛苦的事情。

从婚姻心理的角度来讲，"周末婚"也有其独到的优势和益处。"人们恋爱时，总是看到对方的优点，甚至觉得对方十全十美。对方的一个亲密小举动就可以让自己甜到心坎里，仿佛整个世界的一切都是美好的，那种爱情带来的甜蜜简直可以击败世间所有的坎坷艰辛，具有神奇的力量，但是时间是良药，也是毒药。很少有人能抵过'围城'诅咒——七年之痒的侵袭。婚后夫妻长期相处，随着'审美疲劳'的出现，对方的缺点也越来越受对方的厌恶。有些人甚至后悔，当初怎么选了这么个人？是我当初脑子进了水、鬼使神差地义无反顾地投奔了这段婚姻吧？每次因为生活中的琐事而破口大骂，大打出手时，都恨不得立刻逃出这段令人恼怒和心痛的围城，但是婚姻给夫妻双方带来的不仅仅是长期的诱惑、销魂性爱，还是双方对于孩子和家庭更深刻的责任和义务。夫妻双方会被这种婚姻带来的压力压得透不过气来，只想暂时找到奇异的出口，让婚姻的列车行驶得缓慢和唯美一些。而作家内馆牧子提出的'周末婚'给彼此留下了足够的个人空间，也给彼此拉开了足够的距离，这样就能稍微延缓'审美疲劳'的到来。同时，它也可以让夫妻双方都按照自己的意愿和想法安排生活和事业，不必总是迁就于对方。"

韩国电影《周末同床》就是描述了这样一种情感。本来编剧可以让结局完美，可以让女人放弃物质和医生，跟男人白头偕老。可是编剧没有这样做，因为现实是残酷的。无论于客观还是于主观，写下这样的结局，都是合理的。看戏者，都能够很清晰地看得出，男人要什么，女人要什么。如果一开始，男人没有不结婚的观念；如果女人，肯平衣素食为他做羹汤；如果一开始，彼此都很认真，都很执着。错过就是错过了。等到男人开始在乎，女人已没有勇气去抉择。电影以少有的女性视角来探讨年轻人对待婚姻、性、爱情的态度。很难形容的感觉，好像就是身边人发生的事情，且或多或少有着每个人自己的影子。婚姻到底是什么？是宿命里的一根红绳，还是同一个屋檐下的一本日历？或者，婚姻真的是一件疯狂的事情，是终于要有疯狂的人去实践着的。然而结婚，也似乎已经注定要成为人生顺时针方向的唯一出口。

有很多避世主义者就很赞同这样的婚姻，不仅心里有一股期盼和刺激，还能减少很多不必要的因为家庭琐事而争吵的几率，何乐而不为呢？而且由于距离的原因，将相互思念的人更加思念对方，也更加珍惜在一起的时光，对于在一起时的柴米油盐之类的事就不会很在意了。起码不会由这些生活中的琐事引发大的矛盾而使感情受挫，毕竟一星期只有两三天在一起，再因为这样的小事吵架就太不应该了。而且这种"分居"式的生活对双方各自原有的生活空间影响很小。总有结婚的人（特别是女性同胞）在抱怨，结婚以后自由空间少了许多，因为很多朋友在结婚之后都很少来往，不是在料理家务就是在婆媳之间的麻烦周旋中惶惶度日，分不清东南西北，品不到婚姻的安定。而这"周末婚姻"的方式可以把正常结婚对此的影响降到最低。

一名自称流云的网友结婚5年了，他妻子是大学时候的同学，从双方交换戒指那刻起，他们学生时代的浪漫爱情便成了永恒的回忆，迎接他们的则是油盐酱醋茶的平凡日子。起初，两人还兴致勃勃地过着二人世界，可时间一久，两人对婚姻的新鲜感便消失了，双方都有腻烦的感觉，就连过去喜欢一起看电影的爱好也不见了。流云常常想，恋爱时的那种激动和兴奋怎么一点儿都没有了呢？去年年底，一个开公司的大学同学找到了流云，请他帮忙赶一个项目。由于时间紧迫，几个人常常忙到后半夜，为了不影响妻子上班，流云索性搬去了同学家暂住，只是每个周末回家一趟。出人意料的是，5个月后，他和妻子惊奇地发现，大学时候的那种浪漫似乎又回来了。每次周末回家，都觉得妻子好像有了新变化。妻子也有同感，觉得丈夫不在的时候，心中总有一份思念。

有了这次偶然的经历，两人重新找回了爱情，于是开始了正式的"分居"。流云和老婆现在每周末见面，周一上班前就各回各家，这样的日子让彼此都十分满意。

台湾电视剧《婆媳过招千百回》里就有一段故事是讲述"周末婚"现象的，并且值得我们深思。林好有两个儿子和一个女儿，小儿子陈富贵先结婚，老婆是一都会女子，名叫杨菁菁。菁菁是个为人处事遵从自己原则的人，她提出家事、家用都要夫妻双方共同承担。但在婆婆林好传统的观念里，菁菁的做法是无法得到容忍的。她不允许儿子做媳妇应该做的事情，如家务活，她认为男人是在外面闯天下的，加之又对儿子寄予了厚望，希望他以后能够飞黄腾达，而妻子只能守在家中相夫教子。因此，每当儿子做一次家务，林好便唠叨个不停。

当大儿子陈荣华与林素兰论及婚嫁时，林好把儿子和素兰的八字拿去合婚，结果是"绝配"。由于素兰家庭背景好，所以在婆婆那边很快得到了认可，并顺利地和陈荣华结婚。

婚前，林好偷偷打电话给素兰，交代日后家中的规矩。林好自认为一切都已搞定，以后就可以安心地做婆婆了。由于两代人、两家人之间的观念不同，在结婚典礼上引发了一系列的争端。茶壶先由媳妇对嘴喝一口再倒给众人喝，目的是为了大家不要说她坏话，当场有人便提出不卫生的问题；新娘的妈妈坚持要让领带缠住新郎的腰，林好却说这样儿子一生都会被牵着鼻子走，两个亲家母当场就吵了起来；新郎家为了充场面，借了许多钞票贴满喜帐，但忙乱中钞票却不见了，男女两家互怪，最后虽然钞票找到了，不过两家的心结却始终难以化解。

进门之后的素兰，令婆婆大失所望，原来婚前在电话上答应林好所有条件的人，是他家的菲佣Tracy。每当婆婆逼素兰一定要做家务时，素兰就会叫

Tracy过来应付，而Tracy只伺候素兰，根本当作林好不存在，林好除了将她的名字念成台语的谐音"找死"之外，也拿她没办法。

观念新潮的二媳妇杨菁菁决定实施一种新的生活模式：周末婚。每逢周末，菁菁才回到家里与丈夫一起生活，其他时间都是一个人。这样的生活模式虽说让夫妻感情得到了舒缓，但却更加激化了婆媳关系。林好对菁菁不放心，以为她在外面有情人，于是偷偷去调查菁菁，结果发现菁菁竟然和她的前任男友李沐全在同一家公司上班。此事经过家人的转述传话，无形之中变成了一场红杏出墙的风波。

杨菁菁的"周末婚"观念充分体现了现代女性对于婚姻的恐惧和不安全感，部分现代女性认为婚姻是对自己幸福的剥夺和自由的束缚，为了重获自由，她们只好选择逃避和妥协的办法。而"周末婚"正是在弃与不弃之间最为折中的办法，通过"周末婚"，可以暂时"回避"一下婚姻带给人的倦怠和恐惧，目的就在于保持婚姻的新鲜感和美味。

婆媳观念的差异，来自于不同时代给人不同的价值观念，然而婆媳相处也不止于互斗，她们之间的关怀也令人感动。江山易改，本性难移。一家人想要永远和平相处，可以说是难上加难，但是家庭的温暖，想要脱离，更是难上加难，公婆、媳妇、丈夫、儿女，家人相处时的小事件，永远令人回味不已。

专家指出，"周末夫妻"还不具有普遍性，"分偶"们也只处在尝试阶段。分开的日子里，可能会让双方更充分地体现自我，也可能会给予婚外恋更多的机会，两个人的相互信任和心灵沟通在任何时候都非常重要。不管是以什么方式生活，适合你的才是最好的。

现实生活中的年轻夫妻除了刻意选择周末夫妻这种形式之外，由于两地分居而采取"周末夫妻"方式的也大有人在。这些人到底该如何处理彼此之间的关系呢？许多两性专家提出了这样的建议：第一，彼此之间一定要相互信任，这是周末行进过程中的重要前提。平日里两人虽然不在一起生活，但可以经常通过电话沟通，或者借助不断发达的互联网抽空聊聊天，主要是以缓解心情为主。第二，夫妻俩在外地一方要调理好自己的身体，平日里可以利用休息时间去健身房多多锻炼，另外阅读也是不错的选择。在住处可以多看书陶冶性情，按时休息等。回家之前一定要调节好自己的身心，出现在家中的身形应该是健康而充满活力的。第三，留守一方除了管好家庭和孩子的学习，还要学会为自己排除烦恼。可以通过写心情日记、与朋友联系、培养自己广泛的业余爱好（比如摄影、运动、绘画）等方式来充实自己。第四，出现问题时，坦然面对，不遮遮掩掩，问题才会得到真正的解决。第五，家务活大家一起做，任何一方都不能像使唤仆人一样使唤对方。第六，切记在短暂的相聚时间里，为琐碎的家庭小事拌嘴，如遇此种情况，需要一方让步，转移话题以缓解紧张气氛。第七，相聚时，不要将工作中的烦恼带到家中，影响双方的情绪。心理专家表示，实施周末夫妻最重要的就是加强彼此的沟通，让双方都感受到对方对自己的关心。因此，无论距离有多远，两人也要一起来处理家庭里出现的问题，只有这样才能有利于夫妻双方感情的维系，即使在做周末夫妻的特殊日子里，也能确保婚姻的高质量。

28
别对性爱
表示羞涩

在西方社会中，从亚里士多德到弗洛伊德，性的生殖与快乐两方面自始至终存在着一种紧张关系。在当今世界，有着三种最主要的性观念和性规范：以生殖为主；以人际关系为主；以娱乐为主。

在中世纪的西方，流行着以传统基督教文化为主的性规范，遵从的是严格禁欲的性道德，而古希腊和古代东方国家性道德则刚好与之相反，他们均奉行自由散漫的性道德。与古希腊和东方的性规范不同，传统基督教道德遵循的基本原则是反对肉体快乐，认为性爱的目的就是生殖繁衍。如果性爱是为了得到肉体快乐，则视其为不正当的行为，就理应受到惩罚。因此，基督教理想中的性行为也就只有一种，那就是不包括快感在内的以生殖为唯一目的的异性性交。

直到16世纪末，西方性规范才发生改变，而最大的变化就是开始接受肉体快乐。人们不再觉得从性行为中顺便获取快乐是错误的行为，只有那种刻意追求快乐而进行性活动的行为才是有罪的。当时，关于性的讨论主要从两个角度进行：一是宗教的角度，二是医学的角度。教会将性归属于道德范畴，而医生则更多的是为宗教的说法提供科学的参考依据。当时的医生主要还是受到了宗教思想的影响，进而对性的评判还是带有宗教色彩，因此，直到18世纪，医生都还认为手淫对健康是有害的。尽管弗洛伊德的精神分析理论对解除人们的性压抑起到了一些作用，但是他所发明的一套关于性变态的话语又带来了新的压抑。在宗教的权威之外，世俗的权威也增添了人们对性的恐怖心理。据考证，在现代早期，人们的性交时间一般仅能持续几分钟；并且大部分人从没听说过性交的前期活动；做爱姿势也只采用男上女下的体位；女人几乎得不到性快感；女人怀孕和生育阻碍着对性快感需求的满足；实行男女双重标准：男人的婚外性活动可以忽略，而女人的婚外性活动却不被允许。

有一种观点认为，宗教和世俗的禁令并不是统治者强制执行的，禁令的产生是对现实生存状况的具体反映。因为在那时，人们很少能遇到性感的人，或者有剩余精力从事性活动的人。那个时代的男人头发里面长满了虱子，牙齿残破肮脏，空气中弥漫着口臭味；也很少洗澡，皮肤上长满了湿疹、疥癣、溃疡、烂疮和其他丑恶的疾病。女人又患有各种妇女病，如阴道感染、宫颈糜烂、疮疥、流血等，这些疾病让性活动无法开展，就算是进行了也让人得不到快乐，或者根本就不可能性交。

对性的规范除了要以生理为基础外，更要以经济为基础，比如非婚生子女继承家庭财产的问题；非婚母亲及其子女需要亲属照顾成为其负担的问题。为了避免这些问题的发生，所以就形成了一整套性的禁忌。关于性的问题，在儿童面前是避而不谈，在有教养的人们当中也从不讨论。社会通过沉默和惩罚制造出人们对性的恐惧，并以此来制止青少年的性活动，规范成年人的性活动，甚至连人的裸体都被认为是淫秽的。

持续了近千余年的这种占统治地位的基督教性规范，真正开始发生变化是在19世纪，在女性生育减少的情况下，性的生殖繁衍功能也逐渐被人们所忽视了。在20世纪，人类性规范思想发生了质的变化，人们开始享受或者沉溺于性交所带来的快乐，这一点已经被整个人类所接受。

在现代社会中，人们之所以如此迷恋于性活动，不再是因为它可以繁衍后代，而更多的是为了享受这种活动给他们带来的快乐。对大部分人来说，性的目的就是它自身，我们可以将其称为最为原始的人类活动，因为在当今人类活动当中，除了性活动，其他的活动都是被锁在墙壁、栅栏和锁链之中，被锁在现代工业文明的大门之中。性和生殖的关系已经渐行渐远，甚至当人们提及基督教关于生殖应当是性的唯一理由的观点时，都会觉得它是那么的古老和过时。在现代社会中，人们已经认可所有的性活动方式，无论其目的、形式、内容、对象（包括性别）是什么，只要能在生理上得到实行，就没有什么不可以。

　　20世纪70年代，在西方世界中发生了一次规模宏大、影响深刻的性革命，那次变革使西方的性状况发生了巨大变化。人们可以直言不讳地谈论与性有关的一切话题，各种各样的性观点都有表达的机会。性规范大大放松，也导致婚外恋的增多，每个人的性伴侣数量也随之增加。这种变化促成了性活动与生殖目的的分离，现代人的性规范也主要受到生育与性快感分离的影响。就中国而言，目前已婚妇女的避孕率也已达到百分之八十，有的地区更高达百分之九十以上。许多其他国家也有相当高的避孕率。

　　之所以会有如此之高的避孕率，充分说明了现代人性活动的目的所在，当然，也不能论定说是现代人不愿生育而只追求性快感。不愿生育主要还是受社会环境的影响，如生活、工作、经济收入等方面的因素。然而，避孕率高并不代表每次避孕都成功，也有避孕失败的情况。不过，即使失败了人们还可以通过人工流产来终止妊娠。部分国家里，平均每百次怀孕中人工流产的比例高达百分之五十五。人流比达到百分之五十意味着每两次怀孕就有一次是不生育的，更不必说绝大多数的性交根本就没有导致怀孕了。普遍的避孕、绝育和人工流产，使性活动与生育的界线越来越清晰可见。在这种情况下，性规范的变化也就无法避免。生育不仅不再是性的唯一目的，就连性的主要目的都算不上了。从为生育的性活动在人类全部性活动中所占的比例来看，生育在所有的性目的中也只能算是很不重要的一种了。

在当今世界，有三种性观念和性规范占据主流：第一种是仍坚持着以生殖为性的唯一合法理由的规范，维持这种观点的人一般都有着较深的宗教信仰，他们仍旧把性看作自我放纵和罪恶。第二种是坚持性与爱完全统一，爱决定性的存在价值，性反过来影响着爱的深度。有爱才能有性，没有爱的性被认为是不道德的，是违反性规范的。第三种是以性快感为性的目的，性仅仅是人生多种快乐的来源之一。

虽然国度与国度之间存在着文化的差异，但进入现代社会以来，性的规范在整个世界范围内还是带有某种趋同的变化趋势。例如：邻居亲属的关系减弱；夫妻感情联系的增强；个人独立感和追求快乐的个人自由权利增强；个人身体隐私欲望的增强；性快感与罪恶之间的联系感减弱；对各种形式的性活动的宽容。上述观念首先形成于西方社会，随着科学技术的发展，该种文化现象通过各种媒介传播到了世界各地，如通过广播、电影、电视、录像等大众传媒手段。

目前有一个值得关注的潮流，但严格来讲应该叫作回流，即保守观念的回流。保守观念的回流源自西方，始于20世纪80年代初，恰逢艾滋病刚被发现的年代。艾滋病的出现对整个人类社会起到了双重作用，一是传播了20世纪70年代的性观念；二是再次引发了人类的性焦虑，其中最明显的是同性恋恐惧症。宗教界和保守人士对20世纪70年代性革命发起了规模宏大的反攻。他们再次强调了家庭价值的重要性，希望回到性革命之前的那个世界去；他们将一切在婚姻形式之外的不以生育为目的的性行为视为越轨的行为，认为它应当受到像艾滋病这样的灾难的惩罚。

对于保守观念的回流能否成功，我们不再讨论，但有一点我们是可以预测的，人类的性活动在经历了更多曲折后，仍会朝着丰富多彩的方向往前走，不再回头。人类完全可以对自己极其丰富的个性在性领域中自由表达的前景抱有希望。

"食者，性也。"性爱应该和吃喝并列，是不可压抑的自然需求，同时也是人类繁衍的基本动力，是爱情、婚姻、家庭的自然产物。说它美好，是因为性爱使人们获得无比的幸福、快乐、甜蜜、陶醉和美感，它是一种内涵丰富的肉体与精神的享受，它使人们的情感更加浓郁并走向升华。性爱使女性更加娟丽，使男性更加壮美。完美的性爱可以使人类在某一方面更加完善。

如此自然美好之事，却被一些错误的和不健康的性爱观给弄得面目全非。不仅再没有美好可言，还给社会和自己带来危害。

性爱是过去人们特别是女性最为忌讳的话题，这些年来，人们开始重视和关注性爱了。由于许多传播媒介的谈性说爱，使相当的一部分人接受了性信息，无论是成年男性、女性，还是未成年男孩、女孩，他们获取了相当多的性知识，但仍有大部分人对性爱不甚了解或全然不知，因而性问题应该引起人们的足够重视，不要总是停留在之前的羞涩状态。人们在性观念方面仍然需要改变性是肮脏的、见不得人的认识，特别是女性朋友。大多女性朋友认为性是男人的事情，女人不应该采取主动形式，只有传统认定的性方式才是正常方式，别的都属于下流和不正常的行为，固执于此的以女性居多，这样的性观念导致她们性欲低下，对性持冷淡态度，由此影响夫妻关系。现代性学家指出，女性应该从传统的遭受禁锢、压抑、折磨的角色中走出来，打破那种一切服从于男性的性活动模式；抛弃那种被动接受、尽义务的奉献思想，否则只能使性活动以男子的射精为终结，而女性却很少或根本不可能获得快感。女性本能的性需求历来就被社会给剥夺了，所以人们就认为女性是不喜欢或不需要性的。其实不然，她们之所以表现出对性的冷淡，除了受传统思想禁锢，她们还受自我内心的约束。她们害怕在性生活中变得主动或毫无保留地与丈夫通体合作时丈夫会指责她们轻浮，所以她们往往自觉或不自觉地拼命压抑性反应和情绪。但实际上，她们是十分期望能以多种方式投身到性活动之中的，"食者，性也"不仅仅是指代男性，同样也指代女性，因此，性爱对她们来说也是非常重要的。在她们的内心深处，认为性活动是表达人与人亲昵关系和亲密无间的一种无与伦比的奇妙形式和最高形式。

男女在性观念上的差别是很大的，男性一般表现得比较开放，女性则比较保守，加上女性大多有含蓄、羞涩、拘谨的个性特点，所以也往往羞于谈论性问题，导致她们对自身的性享受和性问题采用凑合、回避和默默忍受其痛苦的态度。比如，国内一些性调查表明，女性中有50%的人从未达到过性高潮，人数众多却只有极少的求治者。调查还发现，许多女性关心自己的性生活质量还比不上对丈夫的忠诚度，女性更多的是出于对孩子和家庭负责考虑，即使性生活不和谐，她们也不会有过多的苛求。当然，女性中也有不少人开始觉醒，开始追求性生活的质量，并对男方提出了高要求，只是有时得不到男方的理解和配合，甚至引来男方的暴力和虐待，令她们心寒。一旦女性的性欲被充分调动，其强烈程度不仅不亚于男性，甚至可以凌驾于男性之上，表现出广泛的性需求，如情话、爱抚、温存等，而且还能持续较长时间。所以，女性应该抛弃一切陈腐的观念，充分调动自己的主观能动性，关注性爱，积极投身到性爱活动中去，这对婚姻和个人的幸福与健康都是十分有益的。

29

性是这个世界上
最美好的事

人和动物不同，虽然动物也做爱，不过动物的交配行为主要为了繁衍后代，而且动物都有交配期。而人就是这么神奇，一年中的12个月都可以做爱，而且通过避孕措施，人安全地体会到了这种运动带来的快感与快乐。尼采曾热烈地赞美性："性爱与同情感和崇拜之情在一点上是共同的，即一个人通过做使他自己愉快的事同时也给另一个人以快乐，这样一种仁慈的安排在自然中并不多见！"

感谢这个时代的变化让我们不再谈性色变，性感、兴趣、性取向、性快感……都成为我们谈论的主题。虽然我们的国家禁止色情出版物的流通，但是无孔不入的流通渠道让日本、欧美的爱情动作片大肆进入宅男们的硬盘里。同时在这片国度，不断有人尝试站出来表述性的美。木子美在书里公开自己的性经历，我们的文学作品、摄影作品，还有很多艺术作品公开展示了性。就连这个国度最黑暗的时候，也有不畏强权彰显性的美丽的行为。据说那个时候有个女大学生大胆裸泳，和不同男人谈起自由恋爱，甚至发生关系。虽然最后被判了很重的刑，但是那张照片中可以看到水中那个美人鱼一样的胴体，看过的人很难有人不为之震撼！

历史上，性在我们这个国度自古至今都是在男性视角下的一种支配权，一部《红楼梦》道尽了男权社会对女性的压迫，性上尤其如此，妻妾成群的封建社会里女人根本不具有性自主权，从道德到制度层面对女性进行层层禁锢。在那种情况下女性是不能主动提出性要求的，她们要表现得谦恭和逆来顺受，享受都是男子的事情。女人出嫁前不能逾礼，和男子的交往尚且被禁止，有苟且之事更是大逆不道的，女子的童贞自古被格外重视。熟知的类似《西厢记》那样的故事，除非男子求得功名掩盖"丑事"，大多以悲情告终，女性一直无法享受到性的快乐。这种对女性的压迫直到现在仍然存在。

古代的传统观念留存在现在被冠以"道德"之名，其实这样的道德说服力是很弱的，因为它的逻辑前提是"传统观念"，甚至只是中国男性的一厢情愿。因为中国人是不信仰宗教的，波斯纳说："当对婚外性行为不存在强烈的宗教顾忌时，你很难找到什么支撑点来抗拒这种看起来与这个世纪很不协调的从身份到契约的运动。"女性在当代中国早已不是男性的附属物。在古代作为被待价而沽的处女们现在成了与男人同时撑起一片天的独立女性。在中国，不论是婚前性行为还是婚内主动要求性的满足都是女性的权利。在对李银河教授的采访中，记者问她："一个人难道不可以既喜欢性同时又是一个高尚的人吗？"李老师回答说："在一个不再反性禁欲的社会当中，一个喜欢性的人完全可以是一个高尚的人。人的高尚与低贱有很多标准，比如一个行善的人是高尚的，一个作恶的人是低贱的；一个诚信的人是高尚的，一个欺诈的人是低贱的；一个利他的人是高尚的，一个自私的人是低贱的。然而，一个人喜欢性还是不喜欢性却不会成为人的高尚与低俗的标准。换言之，一个高尚的人可能是喜欢性的或者是不喜欢性的；而一个低俗的人也可能是喜欢性的或者不喜欢性的。"足见用道德去衡量性本身就是不道德的。

但是任何行为都是要有底线的，根据密尔的伤害原则，除某一行为正在伤害或必会伤害他人或社会的利益外，做出这一行为的自由不应受到限制。不论是女性还是男性，追求性的快乐的同时要遵守最低的人类的道德要求。比如随着避孕技术的提高，因为疏于防范而人工流产则是不道德的。

性关乎个人的选择，而与所谓"道德"无关，如果说还有最低道德的话，用密尔的原理可以解释。但是，性仅仅是结果、目的或者是事实，用性当作交易的筹码，用性作为上位的手段，用性威胁他人，违背他人的意志发生性关系，小则被道德不齿，大则有刑事犯罪之虞。性是两个人的事，关于NP的事情，很显然违反伦理道德，但因其行为不具有违法性（前提：成人、隐私、自愿），所以不能用刑法来规制，在做爱的时候，综合了人的所有感觉的美，视觉的美，听觉的美，嗅觉的美，味觉的美，触觉的美，性觉的美。做爱的美不仅仅是两人同时达到高潮时那种强烈的感觉，还有许多其他的美伦美奂。这种灵肉结合无论如何是无可指摘的。性是这个世界给予人类的最美好的事，不论是男人，还是女人。

30

别让压抑的欲望
夺走你的性福

看到"压抑的欲望"，朋友们可能会在头脑里立即闪现出一些关联词，比如性压抑、禁欲等。不错，本法则所要讨论的便是有关于性压抑或禁欲的问题。什么是性压抑？性压抑是指在性冲动发生后，由于条件或其他因素的限制，使性欲无法得到发泄和满足，因而强行用理智和意志去克制冲动的状态。性欲跟食欲一样都是人的本能，理应得到满足而使其能量得以发泄，才会有利于身心健康。但是因为时间、场所的不合适（如工作时间、公开社交活动的场合），生理周期限制（如女方月经期），社会道德规范的束缚（如未曾婚配），宗教的教条约束等，导致对性的需求无法得到满足。从原始社会末期开始，人类就对自身的性行为做了规定，甚至某些宗教社会的法律和习惯对性行为的压抑是近乎非人性的。因此压抑就成为个体应对性欲的普遍方式。

长期的性压抑可以导致两种情况：一是压抑的过程中会产生某些痛苦或难受的感觉，其强度与性欲强度不分伯仲。如微弱的性压抑，基本上不会引起痛苦；相反，长期的性压抑必然会导致极大的痛苦。二是会出现躯体症状。当强烈的性欲望被压抑到潜意识后，会出现短暂的痛苦体验消失，但换来的结果是出现失眠、多梦、头晕、注意力不集中、胃肠道不适、腹泻等神经性功能失调症状。长此以往，会出现性欲低下（男、女）或男性阳痿等性功能障碍。已发生阳痿的病人，由于不得不压抑无法实现的性交欲望，身心症状则更为严重。

"早知道，当初就和妻子在一个城市工作了。"李先生后悔地说。3年前，李先生因为工作关系，不得不和妻子两地分居，有时大半年才能见上一两面。虽然爱人不在身旁，但李先生和妻子都很克制自己，没有任何"私心杂念"。然而，李先生却诧异地感觉到，每当夫妻二人见面、想好好温存一番时，自己的性能力和愉悦感竟然大不如前了。后来李先生一问，妻子也有相同的感觉。俗话说"小别胜新婚"，夫妻隔断时间再见面，性生活应该更有激情，但结果恰恰相反。其实，不论男女，性能力都存在一个"用进废退"的规律。这好比一辆汽车，经常去驾驶它，就会感觉越来越顺手，车的性能也会达到最佳状态；但如果太长时间不驾驶或没有进行保养，不但自己的驾驶技巧会生疏，车的各个零部件也会生锈、出故障，驾驶起来自然就没有那么得心应手了。人的性能力也是如此。太久没有性生活，过着性压抑的生活，会导致性能力的下降、内分泌失调等症状，女性甚至会引发一系列的妇科疾病。所以适度释放压抑的欲望，或者进行有规律的性生活，有助于自己的身心健康。

　　性需要的适当满足会给社会带来良好的效应。美国心理学家和社会学家就美满婚姻问题进行了抽样调查，他们选取了1000对夫妻。结果证实，丈夫和妻子均对性生活美满有强烈需求。法国民意测验调查所对各行业1000多名各年龄的调查表明，在"什么样的人最幸福"栏内，有83%的人认为夫妻生活最幸福。无论是在年轻时还是在老年时，对性生活的需求都不会消失，不同阶段的区别在于随着年龄的增长其频率呈下降趋势。日本弘济医院曾做过这样一个实验，病房之前是男女分开住，但现在是将卧床不起的男女老年人混合居住，实验结果发现老人们都精神了不少，大家有说有笑，开始讲卫生，智力测验成绩上升，牢骚减少，食量增加。

　　对性的过分严苛压抑所造成的不良后果，弗洛伊德曾明确指出："当力比多受到过分严苛的阻抑后，可能导致神经症或性功能障碍。"在人类社会中成长的每一个人，都必须对性道德规范与法律制度要有所认知。弗洛伊德认为人们对原始性本能的压抑，是实现人类最高利益与理想要付出的不可避免的代价。他在《文明及其缺憾》一书中写道："文明的进步，是通过对性罪恶感的强化与剥夺了性快乐为代价而获得的。"后来西方"性自由"论者将弗洛伊德的这种观点以及对性过分压抑对人们身心会造成伤害的意见当成了理论依据，实际上是曲解了弗洛伊德的原意。弗洛伊德虽然反对对性的过分严苛压抑，但也没有表示支持对性的放纵，在他眼里，无论是禁欲还是纵欲对人类社会本身都具有危害性。

中国性学家指出：性压抑虽与本能背道而驰，但完全符合社会发展的需要，因为作为社会中的一员应当学会压抑一定的性欲来适应社会规范的要求，从而不至于做出有损自己、他人利益的举动。但他们所指出的压抑也并非是禁欲，正确认识性压抑的理念，避免心理的失衡。具体压抑性欲的方法有许多，比如可以采用把注意力转移到事业的追求，或者积极参加自己所喜爱的文体活动等，使性欲暂时转换成另一种形式的动力，以减少压抑的痛苦。

当然，也有人因为工作的原因使性欲长期受到压抑，从而带来了精神上的困惑和身体上的疾病，这样的现象正在扩大化，逐步引起了社会的关注。我国个别地区离婚情况：天津市1980年离婚27万对，1983年上升到37万对，到1985年竟达到41万对，其中由于性生活不满足者离婚居多。江苏盐城某工厂，有女工290人，几年中恋爱结婚的有76人，婚后闹离婚的有24起，占31.5%，离婚缘由中性生活不协调占1/3以上。

长期的性压抑，除了会影响人的生理和心理发展，还会产生对工作、学习的严重影响，直至损害身心健康。巴黎的夏科教授和维也纳的罗巴克教授研究证明，大量精神病患者的病因在于：在某种条件的性压抑下，人的正常的性满足欲望不能得到满足。我国心理咨询门诊中的资料也说明，夫妻间常常因为性生活不满足而产生的矛盾和心理冲突，严重者出现各种神经官能症的症状，如失眠、神经衰弱、焦虑情绪等。另外，长期的性压抑还可导致性变态，如同性恋，而电影《军鸡》较能说明这样的问题。大部分性变态者也承认，这样做并非心甘情愿，而只是在强烈的性欲望得不到满足的情况下做出的蠢事，可以说是无奈之举。中国古代文献中也有关于反对禁欲的记载，如《素女经》中说："素女曰：阴阳不交，则生痛淤之疾，故幽、闲（指阉人、闲人）、怨（怨女）、旷（旷夫）多病而不寿"，这里的多病不寿就是指长期没有或得不到性满足的人。《千金要方》亦云："男不可无女，女不可无男，无女则意动则神劳，神劳则损寿。"以上观点都反对禁欲，提倡的是男女之间的性欲应得到释放，因为这种需求本是人的天性所需，无须禁止。正常的性生活可以协调体内的各种生理机能，促进性激素的正常分泌，而且是健康心理需要。

其实，在我们体所有熟知的群里中，笔者认为，性压抑程度最为严重的还属当代大学生、研究生等学生群体。处于青春期的学生在奋发读书的同时，还面临着一个以往少人触及的问题：性压抑。小孙是位19岁的大二男生，从几年前开始遗精的时候，他的脑海中就似乎充斥过男女之间的性事。如今进入大学后，一种潜意识的性冲动常常让他欲罢不能。一到夜深人静，宿舍内男生们说话的一个热点永远只有一个：女人。同时，他们说各种荤话、黄话，上网看裸体女人，甚至看"三级片"，希望以此能缓解自己的性压抑。

广东省计划生育科学技术研究所的一项调查表明，为了能够顺利完成学业，目前我国大学生、研究生已经将性问题搁浅到了一旁，他们也因此普遍处于性压抑状态。调查还显示，我国研究生中大龄未婚者的比例偏高，属不正常现象。未婚者中，很多人思想依然很保守，他们一致认为抑制性反应和性感受是清高的表现。而对于已婚研究生来说，生活条件各方面的限制也阻碍了正常的性生活。第一是居住地方的限制。学校住宿都是男女分明的，这样大大限制了男女之间的交往。第二是经济条件的限制。大部分研究生每个月都是靠着父母的钱生活，顶多每个月能领上300元到500元不等的政府补贴，但要养活一个家庭实属艰难，所以情爱也就变得遥不可及了。更为主要的限制因素是研究生的身体素质每况愈下。现在很多人已经处于"亚健康"状态，对性生活已是心有余而力不足了。研究生的日子不好过，那些刚进入性欲旺盛阶段的本科生也是难上加难。某大学校园里有这样一段留言：从最初的不准许在校大学生结婚，到现在禁止夫妻学生同住一房，再加上禁止校外同居，打击校园周围出租屋，"性"成了大学生的禁忌。在性权利方面，我们仍旧处于弱势。

面对生活中的性压抑，中国中医科学院西苑医院男科郭军主任表示，医学研究表明，过分地压抑性欲对人的身心健康无疑是有害的。他指出，合理调节性压抑是要对性冲动加以科学、合理的调节，可以用宣泄、转移、升华等方法。手淫是宣泄性压抑的一种手段，但不少人却把手淫看成是可耻、堕落、下流的事，因此人们需要对此有科学认识。性压抑还可以通过性转移来释放，如通过工作、文体活动等多种合理的途径，使其生理能量得到正当的释放和有效的转移。需要注意的是，我们既要看到性放纵带来的恶果，也要重视性压抑所产生的不良影响。

31
别让放纵的欲望
毁掉你的性福

生活在一个物质丰盛的年代，按自己的生活水准和层次，目力所及，大多数人基本上可以满足自己想要的饮食所需。古人说"饱暖思淫欲"，其实不光淫欲，回看一下现在的生活，事实表明饱暖之后什么欲望都会思得更多。

欲望到底该不该放纵？正所谓"仁者见仁，智者见智"。有人认为，如果人没有了欲望，那就等于失去了前进的动力，等同于慢性自杀！有人认为，欲望是个慢性毒药，只要你对它上了瘾，你的欲望就会无休止地膨胀，不停地放纵自己的欲望，也等同于慢性自杀。就笔者看来，欲望是人的本能，不应该禁止，也不应该过渡宣泄。在禁欲、节欲和纵欲这样的三元结构中，节欲是对禁欲和纵欲两者的调和，倘若没有节欲，我们的生活当中出现的便是两个极端，对社会、对人类自身都没有任何好处。然而，在这个物质丰盛的时代，面对各种压力和诱惑，欲望的膨胀所产生的巨大力量已经开始改变着我们的生活，人的欲望从来就没有像今天这样张狂和肆虐过。

性能使人们享受其他任何事物都难以替代的快乐，所以人们往往趋之若鹜，这可以说是人的一种自然本性。然而，任何正常的事情如果做过了头，终究会物极必反。性的满足本来是人的正常需要，一旦过度就变成了纵欲，不管是纵欲还是禁欲，对人和社会的健康发展都是十分不利的。在古希腊，与女性的幽闭境遇相反，男子所追求的却是一种无拘无束、肆意放纵的生活。而希腊民族本身就有欢乐和活泼的本性，他们时常毫无遮拦地表露自己的情欲，追寻生动而强烈的快感。

在西方的历史上，淫风是古罗马最为盛行的，甚至有历史学家将古罗马的灭亡归咎于它的淫乱，当然这也不是没有道理的。古罗马人在任何欲望上都十分的放纵，而不仅限于性欲上，好比在"酒、色、财、气"上均是放荡不羁，有时简直放荡到了洪水泛滥的程度。古希腊人和古罗马人均好沐浴，所不同的是，古希腊人盛行冷水浴，而古罗马人则喜爱温水浴。古罗马浴场规模令人叹为观止，古罗马大浴场首建于罗马首任皇帝奥古斯都（公元前63年至公元14年），到帝政末期时，建立了阿格里帕大浴场和850个小浴场。据史学家吉朋记载，当时有个卡拉卡拉大浴场，占地124400平方米，同时可供2300人入浴。在罗马帝政初期，男女被要求分别入浴，且仅限于白天；到了帝政末期，男女不再被隔离开，而是混杂，并且夜间也可共浴，甚至连良家妇女也公然在陌生的男人面前由女奴伺候洗身，却无任何羞怯之意。

社会上淫荡之风往往也通过节日的形式表现出来，比如疯狂的罗马花节，该节日也被称为"维纳斯节"的花节，是祭祀神女弗罗拉的庆典。每年的4月26日至5月23日，在这一个月的时间里，近20万妓女要么全裸，要么半裸涌向罗马街头。庆典中吸引眼球的是，几百名娼妓用拖绳拉着一把巨大的花束，花束上面载着一个庞大而竖挺的阳具。她们把阳具安放在阴户的仿制物——神女的体内。在阳具和阴户进行完规模巨大的媾合后，她们就在圆形剧场的舞台上尽情表演。少女们只穿着围在腰际的丝绸裙子，任它随风飘荡，彼此争妍斗艳。在此期间，妓女们还免费提供男子"维纳斯之服务"。这一庆典一直延续到16世纪才退出历史舞台。

除了花节这样的性节日外，还有酒神节、纪念维纳斯的节日和牧神节等。这些节日都是性崇拜的表达方式，可是随着时间的流逝，这些节日均演变为社会淫乱活动。18世纪末，在伦敦出现了许多与"后宫"有异曲同工的"澡堂"。不同的是，客人可以根据自己的喜好，随意召唤对象，甚至连人种也可挑选。其中，为满足客人的各种需要，还准备了工具，如鞭子等。直到19世纪初，这样的澡堂在伦敦已经有好几百家。大部分富商大贾往往借口下乡，趁机到澡堂去，一直消磨到星期一早上。

受社会风气的影响，当时的欧洲大学生们生活也是十分放荡。有部小说曾这样描写他们的校园生活场景："在吉那（德国西部的一个城市）的大学生，几乎人人拥有所谓的'美人'，她们往往是身份卑微的姑娘。这些大学生如果不离开这个城市，也就不会离开她们；如果毕业而离去，就把她们让给学弟们。"大学生们多半住在租赁的宿舍中，房东对他们甚至"亲切地招待至床上"；如果宿舍是寡妇经营的，则一定有两三个大学生每天晚上轮流和她睡觉。

值得一提的是，就连当时不少著名的思想家、文学家、艺术家都是纵欲者、性变态者，他们或许受了时代潮流的影响，或许又反过来影响着社会和时代的潮流，这个我们不得而知。例如，法国的启蒙思想家、哲学家、文学家卢梭就是一个拥有"俄狄浦斯情结"的自恋狂。他在《忏悔录》中直率地表白了他的私生活和性经历。

除了男作家以外，也不乏一些女作家拥有相同的经历或嗜好。19世纪法国的乔治·桑不仅大肆鼓吹"性自由"，而且还亲身体验过。她18岁时和一个富有的男爵结婚，生有一子一女。而她的第一个情夫是个法院的差官，意识薄弱；第二个情夫身材高大、魁梧，但毫无教养；第三个情夫是裘尔·桑德，是她理想中的男人，于是就离家出走，在巴黎和桑德同居。乔治·桑把男人当作衣服想换就换。1834年法国的浪漫派诗人兼小说家缪塞和她一起到威尼斯旅行，在下榻旅馆的床上被她骂为性无能而被赶出来。诗人海涅因被她发现有梅毒而遭抛弃。法国浪漫派小说家梅里美和她同房，因为"成绩不佳"、不能使她获得性满足仅两夜就被她抛弃了。波兰的天才作曲家、比乔治·桑小六岁的萧邦1839年开始和她同居，到了1847年因感情不合分手，几乎耗尽精力。

纵欲多指性生活放纵、无节度，这是损人健康、多病早夭之由，其中过度手淫属于纵欲方式的一种。而当前最为普遍、最为严重的纵欲问题便是大学生手淫行为，据调查，大学生的手淫发生率为70%，很多大学生在上大学之前就已经养成了难以自控的手淫习惯。过度手淫既影响了大学生们的身心健康，对他们在校园里健康成长成才也构成了严重的威胁。

当手淫已经成为一种习惯时，对手淫者造成的影响犹如暴饮暴食后的消化不良，运动过度后的肌肉劳损，因此，过度手淫无论从生理和心理上都会产生一些不良影响。有手淫习惯的青少年，精力都主要集中在了追求性刺激上。不少青少年内心都是矛盾的，一方面受到手淫带来快感的诱惑，另一方面又背负着沉重的精神负担，心中有无法解脱的精神枷锁。出于这样的矛盾心理，他们常常自责、担心，痛下决心想改但又不能自拔。受"手淫危害论"的影响，甚至产生恐惧、负罪感。一旦形成恶性循环，心理负担会转换为躯体症状，如出现失眠、多梦、疲乏无力、注意力不集中、记忆力减退、学习成绩下降等。

如果手淫时过分粗暴的刺激还会使生殖器出现损伤，男生常见的为包皮和包皮系统带裂伤出血，偶有阴茎骨折等情况。由于不少大学生不重视生殖器官的卫生，一旦发生受伤，就容易继发感染，形成痛性瘢痕，影响婚后正常性交，如不尽快治愈可能导致阳痿。对于女生，有些在性欲亢奋情况下，不顾疼痛将手指、试管、发夹、筷子等不洁的硬物插入阴道内，往往造成外伤和感染，阴道内形成痛性瘢痕组织，使婚后性交疼痛难忍，而往往由于羞愧难言，长期隐瞒病史，以致药物久治无效，因此导致婚姻破裂事件时有发生。

在不恰当的场合下进行手淫，势必违背了道德规范和社会准则。过度手淫形成习惯，手淫后所造成的心理压力尤为突出，手淫习惯所引起的一系列心理反应形成了青少年性发育时期的性心理障碍，影响着青少年身心健康成长。青春期教育应从实际出发，普及性教育、性培养，正确引导大学生性意识朝着健康的方向发展；帮助他们用科学态度正确地认识手淫习惯，消除他们的心理障碍，解开他们的精神枷锁。当他们认识到手淫并非个别现象时，他才能控制自己的手淫次数。因此，性健康教育对于广大大学生普遍地避免手淫习惯，能起到积极的预防作用。

近些年来，纵欲给许多人带来的自身、家庭、社会灾难性的悲剧，已成为众多人生命矫正的课本。不要纵欲，其实也是一种理想的生活方式，它要求我们具有自我约束的能力。性欲每时每刻都在分泌精液，但精液应该是用于提高人的智力、体力和精神的能量。人的本能欲望可以通过后天的修养去克制。无论是面对美食的诱惑，一想到吃多了可能会发胖，就很有可能会忍住口水放弃美食；还是面对至高无上的权利，知道登上那么高的位置会让自己身心疲惫，就有可能会选择放弃。但那些不能克制自己欲望的人，最终会得到财富、权利、美人等自己想要的一切。但他们一生可能都是在追逐一个又一个欲望，永远不会满足现状，一辈子下来可能最遗憾的就是没有享受自己所得到的一切。

第六部分

精华提炼：
回归理论

32

意识和潜意识

把心理生活划分成意识的和潜意识的，这是精神分析所依据的基本前提；并且只有这样划分，才能使精神分析了解在心理生活中那些既重要又普遍的病理过程，并在科学的框架中为其找到一席之地。我用另一种不同的方式再说一遍：精神分析不能接受意识是心理生活的本质的看法，但很乐意把意识看作是心理生活的一种属性，意识可以和其他属性共存，也可以不存在。

如果我能够假定，凡对心理学感兴趣的人都会读过本书，那么，我仍然准备发现他们有些人甚至在谈到这个地方也会突然停滞不前：因为在这里我们有了精神分析的第一个术语。对大多数已受过哲学教育的人来说，任何还不是意识心理的观念是这样令人难以置信，以致在他们看来这似乎是荒谬的，简直可以用逻辑一驳即倒。我认为，这只是因为他们从未研究过催眠术和梦的有关现象——这种现象和病理现象大不相同——才得出这一结论的。因此他们的意识心理学不能解决梦和催眠的问题。

"有意识的"一词首先是一个纯描述性的术语，它建立在最直接、最具有确定性的知觉基础上。其次，经验表明，一种心理要素（例如，一个观念）一般说来不是永远有意识的。相反，意识状态的特点是瞬息万变的；一个现在有意识的观念在片刻之后就不再是有意识的，虽然在某些很容易出现的条件下还可以再成为有意识的。那么，这个观念在中间阶段究竟是什么，我们还一无所知。我们可以说它是潜伏的，据此我们的意思是说，它能随时成为有意识的。或者假如我们说，它是潜意识的，那我们就是对它进行同样正确的描述。因此，在这个意义上，潜意识一词是与"潜伏的和能成为有意识的"相一致的。哲学家们无疑会反对说："不，'潜意识'一词在这里并不适用；只要这个观念还处于潜伏状态，它就根本不是一种心理的东西。"在这个论点上和他们发生冲突只会引起一场文字战，而别无他用。

但是我们已经沿着另一条路，通过考察心理动力学（mental dynamics）在其中起作用的某些经验，发现了"潜意识"一词或概念。我们已经发现，就是说，我们被迫假定，存在着一些非常强大的心理过程或观念——一种数量化或实用的因素（economic factor）第一次在这里得到讨论——它可以在心理活动中产生日常观念所能产生的一切结果（包括也能像观念那样成为有意识的结果），虽然它们本身不能成为有意识的。这里我们不必详细重复以前常常这样解释过的东西。我们只需要说，这正是精神分析理论之要点所在，同时还认为这些观念之所以不能成为有意识的其原因在于，有一定的力量和这些观念相抗衡。否则的话，它们就能成为有意识的，因此，这些观念和其他公认的心理元素显然并没有多大的差别。在精神分析技术中已经发现了一种方法，用这种方法可以把那个抗衡的力量消除，可以使还有问题的那些观念成为有意识的，这个事实使得这一理论无可辩驳。我们把这些观念在成为有意识的之前所存在的状态称为压抑（repression），并且断言，产生和保持这种压抑的力量在分析工作中被理解为抵抗（resistance）。

因此我们是从压抑理论中获得潜意识这个概念的。在我们看来，压抑就是潜意识的原型。但是，我们发现我们有两种潜意识一种是潜伏的但能成为有意识的，另一种是被压抑的，其本身干脆说，是不能成为有意识的。这种对心理动力学的洞察不能不影响到我们的术语和描述。那种潜伏的、只在描述意义上而非动力学意义上的潜意识，我们称之为前意识（preconscious）；而把潜意识一词留给那种被压抑的动力学上的潜意识，这样我们就有三个术语，即意识（Cs.）、前意识（Pcs.）和潜意识（Ucs.），它们不再具有纯描述意义。前意识可能比潜意识更接近意识，既然我们已经把潜意识称为心理的，我们就更会毫不犹豫地把潜伏的前意识也称为心理的。但是，与此相反的是，为什么我们不愿意和哲学家们保持一致，却要一致地从有意识的心理活动中区分出前意识和潜意识呢？哲学家们也许会认为，只要把前意识和潜意识描述为"类心理"（psychoid）的两种类型或两个阶段，和谐就会建立起来。但是在说明中的那些无尽的困难就会接踵而至；这样定义的两种类心理在几乎每一个其他方面都和公认心理的东西相一致，这个重要的事实从它们或它们最重要的部分还不为人所知的时候起，就被迫处于一种偏见的背景中。

只要我们不忘记，虽然在描述性意义上有两种潜意识，但在动力学意义上则只有一种潜意识，我们现在就可以舒适地着手研究我们的这三个术语了，即意识、前意识和潜意识。为说明起见，可以在某些情况下对这种划分不予理睬，但在另一些情况下，这种划分就当然是必不可少的了。同时我们多少已经习惯了潜意识一词的这种模棱两可性，并且能把它们运用得很好。就我所见，要避免这种意义上的模棱两可性是不可能的；意识和潜意识之间的划分终究不过是一个要么必须"肯定"，要么必须"否定"的知觉问题，而知觉本身的行动并没有告诉我们一件东西为什么被知觉到，或没有被知觉到。谁也没有权利抱怨，因为实际现象所表达的动力因素就是模棱两可的。

然而，在精神分析的进一步发展中已经证明，甚至这些划分也是不够的，就实际目的来说也是不够的。这已在多方面清楚地表明了；但是，决定性的情况如下。我们已经阐述了这种观念，即每一个人都有一个心理过程的连贯组织，我们称之为他的自我。这个自我与意识相联系，它控制着能动性的通路——也就是把兴奋排放到外部世界中去的道路；正是心理上的这个机构调节着它自身的一切形成过程，这个自我一到晚上就去睡觉了，但是，即使在这个时候它仍然对梦起着稽查作用（censorship）。自我还由此起着压抑作用，用压抑的方法不仅把某些心理倾向排除在意识之外，而且禁止它们采取其他表现形式或活动。在分析中这些被排斥的倾向和自我形成对立，自我对被压抑表现出抵抗，分析就面临着把这些抵抗排除的任务。现在我们发现，当我们在分析期间把某些任务摆在病人面前时，他便陷入困境；当他的联想应当接近被压抑的东西时，他却联想不下去了。于是我们告诉他，他被一种抵抗支配着；但他却意识不到这个事实，即使他从不舒服的感受中猜测到，有一种抵抗正在他身上起作用。他既不知道这是什么，也不知道如何描述它。但是，既然这种抵抗来源于他的自我并属于自我，这是毫无问题的，因此我们发现自己处在一种意识之外的情境之中。我们在自我本身也发现了某种潜意识的东西。它的行为就像被压抑的东西一样，虽然这种东西本身不是有意识的，但却会产生很大的影响，要使它成为有意识的，就需要做特殊的工作。从分析实践的观点来看，这种观察的结果是，如果我们坚持以前那种习惯的表达方式，并试图从意识和潜意识的争论中发现神经症，我们就会陷入无尽的混乱和困境之中。我们将不得不用另一种对立——这种对立源自我们对心理结构条件的理解——来代替这种对立，即有组织的自我，和被压抑的、从中分裂出去的自我之间的对立。

不过，对于我们的潜意识概念来说，我们所发现的结果甚至更为重要。动力学方面的考虑促使我们做出第一次更正；我们对心理结构的知识则导致第二次更正。我们承认，潜意识并不和被压抑的东西相一致，而一切被压抑的东西都是潜意识的，这也是真实的。但不是说所有潜意识的都是被压抑的。自我的一部分——天知道这是多么重要的一部分——也可以是潜意识的，毫无疑问是潜意识的。这种属于自我的潜意识不像前意识那样是潜伏的；因为假如这样的话，它如果不成为有意识的，就无法被激活，而使它成为有意识的过程就不会遇到这么大的困难。当我们发现自己面临着必须假定有一个不被压抑的第三种潜意识的，我们必须承认，成为潜意识的这种性质对我们来说已开始失去意义了。它成了可能具有多种含义的性质了。这样我们就不能像我们所希望的那样，使它成为影响深远的、必然性结论的依据。然而我们必须当心，不要忽视了这种性质，因为作为最后的一着，究竟是成为意识的还是潜意识的，这种性质是看透深蕴心理学（depth psychology）之奥秘的一束唯一的光。

33

自我和本我

病理学的研究把我们的兴趣全部集中到被压抑的方面。既然我们知道，自我这个词在其适当的意义上可能是潜意识的，我们就希望更多地了解自我。到目前为止，我们从事研究的唯一的向导是意识和潜意识的区分标志；最后我们却发现这个区分标志本身就意义不明确。现在我们的一切知识都总是和意识密切相连的，即使潜意识的知识也只有使它成为意识的才能获得。但是且慢，这怎样可能呢？当我们说"使某事物成为有意识的"时候，这意味着什么呢？它是如何发生的呢？

就此而言，我们已经知道在这一方面我们必须的出发点是什么。我们说过，意识是心理结构的外表：就是说，我们已把它作为一种功能，划归到在空间上最靠近外部世界的系统了——这不仅仅指功能意义上的空间，而且，在这种情况下，也指解剖学分析意义上的空间。我们的研究也必须把知觉的这个表面器官作为一个出发点。

从外部（感知觉）和内部——我们称之为感觉和情感——获得的一切知觉从一开始就是意识的。但它是怎样在思维过程的名义下和我们可以——模糊地，不确切地——概括起来的那些内部过程联系起来呢？它们代表心理能量的移置（displacement），而这种能量是在付诸行动的过程中，在结构内部的某个地方获得的。它们是向着容许意识发展的外表前进呢？还是意识向着它们走来？这显然是一个人开始严肃地采用心理学生活的空间概念或心理地形学的概念时所遇到的困难之一。这两种可能性都同样是不可想象的，要解决这个问题必须要有一个第三种可能性。

我已经在另一个地方说过，潜意识观念和前意识观念（思想）之间的真正差别就在于此：即前者是在未被认识到的某种材料中产生出来的，而后者（前意识）则另外和字词表象（word-presentation）联系着。这是为这两种系统，即前意识和潜意识系统，而不是为它们和意识的关系，找到一个区分标记的第一次尝试。于是把"一件事情怎样成为意识的呢？"这个问题说成"一件事情怎样成为前意识的？"就可能更有利。且答案就会是："通过和与之相应的字词表象建立联系而成的。"

这些字词表象就是记忆痕迹（residues of memories）：它们一度曾经是知觉，像一切记忆痕迹一样，它们可以再次成为意识的。在我们进一步论述其性质之前，我们开始认识到一个新的发现，即只有那些曾经是意识知觉的东西才能成为有意识的，从内容（情感除外）产生的任何东西，要想成为有意识的，必须努力把自己转变成外部知觉：这只有借助于记忆痕迹才能做到。

我们把记忆痕迹想象为包含在直接与知觉意识（Pcpt.–Cs.）相连的系统中，这样，那些记忆痕迹的精力贯注就可以很快地从内部扩展到后一系统的成分上。这里立刻使我们想起了幻觉，想起了这个事实，即最生动的记忆总是既可以从幻觉中又能从外部知觉中区分出来；但是我们马上还将发现，当一个记忆恢复时，记忆系统中的精力贯注仍将保存，而当精力贯注不仅从记忆痕迹向知觉的成分扩展，而且完全越过了它时，就会产生一种无法与知觉区分开来的幻觉。

言语痕迹（verbal residues）主要是从听知觉获得的，这样就可以说，前意识系统有一个特殊的感觉源。字词表象的视觉成分是第二位的，是通过阅读获得的，可以把它先放在一边，除了聋哑人之外，那些起辅助作用的词的感觉运动表象也是这样。一个词的实质毕竟是被听见的那个词的记忆痕迹。

我们决不要为了简化而被引入歧途，以致忘记了视觉记忆痕迹的重要性——即那些（和语词不同的）东西的重要性——或者否认通过视觉痕迹的恢复，思维过程就能成为意识的，在许多人看来，这似乎是一种适当的方法。在沃伦冬克（J. Varendonck）的观察中，研究梦和前意识幻想就能向我们提供这种视觉思维的特殊性质的观念。我们知道，成为意识的东西一般说来只是具体的思维主题，但却不能对这个使思维具有独特特点的主题各成分之间的关系做出视觉的反映。因此，图像思维只是成为意识的一个很不完全的形式。在某种程度上，它比字词思维更接近于潜意识过程，而且毫无疑问，在个体发生和种系发生上它都比后者古老。

让我们回到我们的争论中来：因此，如果这是使本身就是潜意识的东西借以成为前意识的方法，那么，对于被压抑的东西怎样才能成为（前）意识的这个问题，我们就可以做出如下回答。通过分析工作来提供前意识的中间联系就可以做到。因此意识就保持在原位；但另一方面，潜意识则不上升成为意识。

鉴于外部知觉和自我之间的关系是相当清楚的。而内部知觉和自我之间的关系则需要做特别的研究。它再次引起了一种怀疑，即把整个意识归属于一个知觉—意识的外表系统是否真有道理。

内部知觉产生过程感觉，而过程感觉是以最多种多样的形式，当然也是从心理结构的最深层产生的。关于这些感觉和情感我们所知甚少；我们所知道的关于它们的最好例子还是那些属于快乐—不快乐系列的东西。它们比从外部产生的知觉更主要，更基本，甚至当意识模糊不清时它们也能产生，我曾在别处对其更大的经济学意义及其心理学的基础表示过我的观点。这些感觉就像外部知觉一样是多层次的；它们可能同时来自不同的地方，并可能因此具有不同的、甚至相反的性质。

快乐性质的感觉并不具有任何内在推动性的特点，而不快乐的感觉则在最高的程度上具有这种性质。后者促进变化，促进释放（discharge），这就是为什么我们把不快乐解释为提高能量贯注。把快乐解释为降低能量贯注的原因。我们不妨把在快乐和不快乐形式下成为意识的东西描述为在心理事件过程中的一种量和质"都尚未确定的成分"；那么问题就会是，该成分是否能在它实际所在的地方成为意识的，或者是否必须先把它转换到知觉系统中。

临床经验做了对后者有利的决定。它向我们表明这个"未确定的成分"的举动就像一个被压抑的冲动（repressed impulse）。如果自我不注意强制，它就会施加内驱力。直到对该强制产生抵抗，释放行动被阻止，这个"未确定的成分"才能迅速成为不快乐的意识。同样，由身体需要而产生的紧张可保持为潜意识的，身体的痛苦也可如此——它是介于内外部知觉之间的一种东西，甚至当其根源是在外部世界时，它行动起来也像一种内在知觉。因此，它再次真实地表明，感觉和情感只有到达知觉系统才能成为意识的；如果前进道路受阻，即使在兴奋过程中和它们一致的那个"不确定成分"和它们做得一样，它们也不会作为感觉出现。于是我们就以一种凝缩的，并不完全正确的方式来谈论"潜意识情感"，它是和并不完全正确的潜意识观念相似的。实际上，差异在于，和潜意识观念的联系必须在它们被带入意识之前就得形成，而对本身可以直接转换的情感来说则无此必要。换言之，意识和前意识之间的区分对情感来讲是没有意义的，前意识在这里可以不予考虑——情感要么是意识的，要么是潜意识的。甚至当它们和字词表象联系在一起时，它们之成为意识的也并非由于这种联系，而是直接这样形成的。

字词表象所起的作用现在已完全清楚的。由于它们的作用，内部思维过程变成了知觉，它就像对该原理的证明一样，即一切知识的外部知觉中都有其根源。当思维过程的过度贯注发生时，思想是在实际意义上被感知的——好像它们来自外界一样——并因此被认为是真实的。

在把外部知觉与内部知觉和知觉—意识的表面系统之间的关系作了这种澄清之后，我们就可以继续研究我们的自我概念了。我们发现这显然要从它的中心，知觉系统着手，并且一开始就要抓住接近记忆痕迹的前意识。但我们已经知道，这个自我也是无意识的。

有一个作家从个人动机出发，徒劳地坚持认为他和纯科学的严密性不相干，现在我认为，听从他的建议我们会得到很多好处。我说的是乔治·格罗代克（Georg Groddeck），他一直坚持不懈地认为，在我们所谓自我的生活中表现出来的行为基本上是被动的，正如他所表明的，我们是在不知道的、无法控制的力量下"生活"着。我们都有同样的印象，即使它们没能使我们不顾其他一切情况，在为格劳代克的发现在科学结构中找到一席之地方面，我们觉得没有必要犹豫不决。我提议通过回忆从知觉系统出发，和从作为前意识的自我开始，并且步格劳代克的后尘将"本我"（id）的名字赋予心灵的另一部分，从回忆这个实体加以考虑，该实体向其他部分扩展，而其他部分行为起来就好像是有潜意识的"本我"。

我们不久将看到，这个概念是否使我们有所收获，或者为描述或理解的目的起见给我们带来什么好处。我们现在将把一个人看作是一个未知的，潜意识的心理本我，在它的外表就是从其中心，从知觉系统发展而来的自我。如果我们努力对此加以形象化的想象，我们可以补充说，自我并不包括整个本我，但只有这样做才能在一定程度上使知觉系统形成（自我的）外表，这多少有点像卵细胞上的胚胎层。自我并未同本我截然分开，它的较低部分合并到本我中去了。

但是被压抑的东西也合并到本我中去了，并且简直就是它的一部分。被压抑的东西只是由于压抑的抵抗作用而和自我截然隔开；它可以通过本我而和自我交往。我们立即认识到通过我们对病理学的研究所勾画出来的几乎一切界限，都只和心理结构的表面水平有关——这是我们所知道的唯一水平。虽然必须说明所选定的形式对任何特殊应用来说没有任何夸张，而只想为说明的目的服务，但我们所描述的事态却可以用图表来表现：

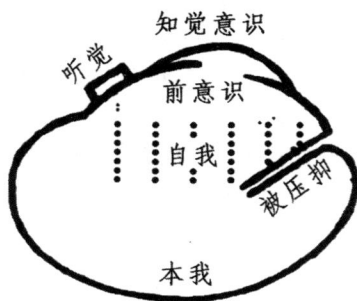

我们或许可以补充说，自我戴着一顶"听觉的帽子"，正如我们从脑解剖所知道的，它只在一边有，也可以说是歪戴着的。

显而易见，自我就是本我的那一部分，即通过知觉—意识的媒介已被外部世界的直接影响所改变的那一部分；在一定意义上说，它是表面—分化（surface-differentiation）的一种扩展。再者，自我寻求把外界的影响施加给本我及其倾向，并努力用现实原则代替在本我中不受限制地占据主导地位的快乐原则。在自我中，知觉起的作用就是在本我中本能所起的作用。自我代表我们所谓的理性和常识的东西，它和含有情欲的本我形成对照。所有这一切都和我们所熟悉的通常的区别相一致；但同时只能认为这种区别在一般的或"理想的"情况下才适用。

自我在功能上的重要性在这个事实中表现出来，这就是把对能动性的正常控制转移给我。这样在它和本我的关系中，自我就像一个骑在马背上的人，它得有控制马的较大力量；所不同的是，骑手是寻求用自己的力量做到这一点的，而自我则使用借力。这种类比还可以进一步加以说明。如果一个骑手不想同他的马分手，他常常被迫引导它到他想去的地方去；同样如此，自我经常把本我的愿望付诸实施，好像是它自己的愿望那样。

看来除了前意识知觉系统的影响之外，还有另一个因素对形成自我并使之从本我中分化出来发挥作用。一个人自己的身体，首先是它的外表，是外部知觉和内部知觉皆可由此产生的一个地方。这一点可以像任何其他客体一样的被看到，但它把两种感觉让给了触觉，其中一个相当于一种内部知觉。心理生理学已全面讨论了身体以此在知觉世界的其他客体中获得其特定位置的方式。痛苦似乎在这个过程也起作用，我们在病痛期间借以获得的关于我们器官的新知识的方式，或许就是我们一般据以获得自己身体观念的一种典型方法。

自我首先是一个身体的自我；它不仅是一个表面的实体，而且它本身还是一种表面的投射。如果我们想为它找一种解剖学上的类比，就可以很容易地把它等同于解剖学家的所谓"大脑皮层上的小人"（cortical hormunculus），它在大脑皮层上是倒置的，正如我们所知道的，它脚朝天，脸朝后，左侧是它的言语区。自我和意识的关系已经多次探究过了，但在这方面还有一些重要的事实有待于描述。由于我们习惯于不论走到哪里，都携带着我们的社会和道德的价值标准，因此，当我们听说低级情欲的活动场所就在潜意识中时，我们并不感到惊讶；另外，我们期望任何心理功能在我们的价值观标准上级别越高，就会越容易发现它通往意识的道路。但在这里精神分析的经验却使我们失望。一方面我们有证据表明，即使通常要求进行强烈反思的精细的和复杂的智力操作也同样可以在前意识中进行，而无需进入意识。这种例子是无可争辩的；例如，它们可以在睡眠状态中出现，如我们所表明的，当某人睡醒后立即发现，他知道了一个几天前还苦苦思索的困难的数学问题或其他问题的解决方法。

但是，还有另一个现象，一个更奇怪的现象。在我们的分析中，我们发现在有些人身上自我批评和良心的官能——这是一些心理活动，即排位级别特别高的活动——是潜意识的，并且潜意识地产生着最重要的后果；因此在分析中保持潜意识抵抗的例子绝不是唯一的。但是，这个新的发现却不顾我们有更好的批判判断才能，都强迫我们谈论一种"潜意识罪疚感"，它比其他的发现更使我们糊涂得多，而且产生了新的问题，特别是当我们逐渐发现，在大量的神经症里，这种潜意识的罪疚感起着决定性的实际作用，并在疾病恢复的道路上设置了最强大的障碍物。如果我们重返我们的价值观标准，我们就不得不承认在自我中不仅最低级的东西，就是最高级的东西也可以是潜意识的。就像是给我们提供了一个我们刚刚断言的有意识自我的证明：即它首先是一个身体的自我。

34
自我和超我

如果自我只是受知觉系统的影响而发生改变的本我的一部分，即现实的外部世界在心灵中的代表，那么我们要处理的事态就很简单了。但还有一个更复杂的问题。

我们假定在自我之中存在着一个等级，一个自我内部的分化阶段，可以称之为"自我理想"或"超我"，对这个问题的看法我已在别处提出了，它们仍然适用。这个现在必须探究的新问题就是，自我的这一部分和意识的联系不如其他部分和意识的关系密切，这需要做出解释。

在这一点上，我们必须稍微扩大一些我们的范围。我们通过假设（在那些患忧郁症的人里面），失去了的对象又在自我之内恢复原位，就是说，对象贯注被一种认同作用所取代，这样我们就成功地解释了忧郁症的痛苦紊乱。然而，在当时，我们并没有意识到该过程的全部意义，也不知道它有多么常见和典型程度如何。自此我们开始理解，这种替代作用在确定处在我所采取的形式方面起着重要的作用，在形成它的所谓"性格"方面也作出了很大的贡献。

最初，在人的一生的原始口唇期，对象贯注和认同作用无疑是很难互相区别开来的。我们只能假设，对象贯注在以后是从本我中产生的，在本我中性的倾向是作为需要而被感觉到的。在开始的时候还很不强壮的自我后来就意识到了对象贯注，并且要么默认它们，要么试图通过压抑过程来防备它们。

当一个人不得不放弃一个性对象时，在他的自我中常常会发生一种变化，这种变化只能被描述为对象在自我之内的一种复位，就像在抑郁症里发生的那样；这种替换的确切性质迄今尚未为我们所知。通过这种心力内投（introjection），一种退行到口欲期的机制，可以使自我更容易放弃一个对象，或使该过程更容易成为可能。这种认同作用甚至可能是本我能够放弃其对象的唯一条件。无论如何，这个过程，特别是在发展的早期阶段，是一个经常发生的过程，它说明了这个结论，即自我的性格就是被放弃的对象贯注的一种沉淀物，它包含着那些对象选择的历史。当然从一开始就必须承认，有各种程度的抵抗能力，正如在某种程度上所表明的，任何特殊人物的性格都在一定程度上接受或抵抗他的性对象选择的历史的影响。在有多次恋爱经历的女人中，似乎并不难在其性格特质中发现其对象贯注的痕迹。我们也必须考虑同时发生的对象贯注和认同作用的情况——就是说，在这种情况下，对象被放弃之前，它还会发生性格上的变化。在这种情况下，性格的变化将能从对象关系（object-relation）中幸存下来，并且在某种意义上保存它。

　　从另一种观点看，或许可以说，一个性对象选择的这种向自我的变化也是一种方法，自我能以这种方法获得对本我的控制，并加深和它的联系——确实，在很大程度上是以默认本我的经验为代价的。当自我假定对象的特征时，可以这么说，它把自己作为一个恋爱对象强加给本我，并试图用这种说法补偿本我的损失。它说："瞧，我这么像那个对象，你也可以爱我。"

　　这样发生的从对象—力比多（object-libido）向自恋力比多的转变，显然指的是对性目的的放弃，即一种失性欲化（non-desexualized）的过程——所以，它是一种升华作用（sublimation）。的确，这个问题出现了，应该受到认真的考虑，这是否并非总是通往升华作用的普遍道路，是否一切升华作用都不是由于自我的媒介作用而发生的，它一开始先把性对象力比多转变为自恋力比多，然后，或许继续给自恋力比多提供另一个目的。以后我们将不得不考虑其他本能变化是否也有可能不是由这种转变造成的。例如，是否这种转变不会造成已经融合在一起的各种本能又分解。

虽然这有点离题，但是，我们暂时不可避免地要把我们的注意力扩展到注意自我的对象认同作用。假如这些认同作用占了上风，并且变得为数过多过分强大，且互不相容，那么，取得病理学的成果将为期不远了。由于不同的认同作用被抵抗所互相隔断，可能会引起自我的分裂；或许所谓多重人格（multiple personality）这种情况的秘密就是各种认同作用轮流占有意识。即使事情不致如此，在四分五裂的自我的几种认同作用之间存在着冲突问题，这些冲突毕竟不能描述成完全病理学的。

但是，不论对这种被放弃的对象贯注的影响进行抵抗的性格能力在数年之后其结果可能是什么，童年最早期的第一次认同作用的影响将是普遍和持久的。这就把我们领回到自我理想的起源；因为在自我理想的背后隐藏着一个人的第一个而且是最重要的认同作用，以父亲自居的作用，这是在每个人的史前期就曾发生的。这显然并不是最初对象贯注的结果；这是一种直接的、即刻的认同作用，比任何对象贯注都早。但是，属于最早的性欲期，并且与父母有关的这种对象选择，正常说来，似乎会在被讨论的那种认同作用中发现其结果，并将因此而强化前一种认同作用。

然而，全部问题是如此复杂，有必要更细致地探究它。问题的错综复杂归之于两种因素：俄狄浦斯情结的三角特征和每一个人身体上的雌雄同体。

男孩子的情况可以简单地做出如下叙述。在年龄还很小的时候，小男孩就发展了对他母亲的一种对象贯注，它最初和母亲的乳房有关，是在所依赖的原型上最早的对象选择的例子；男孩子用以父亲自居的方法来对付他的父亲。这两种关系一度曾同时存在，直到对母亲的性愿望变得更加强烈，而把父亲看作是他们的障碍；这就引起俄狄浦斯情结。于是他以父亲自居的作用就带上了敌对色彩，并且变成了希望驱逐父亲以取代他对母亲的位置。此后和父亲的关系就有了心理上的矛盾；在认同作用中这种内在的矛盾心理好像从一开始就表现出来了。对父亲的矛盾态度和对母亲的那种充满纯粹深情的对象关系构成了男孩子身上简单积极的俄狄浦斯情结的内容。

随着俄狄浦斯情结的退化，男孩子对母亲的对象贯注就必须被放弃。它的位置可被这两种情况之一所取代：要么以母亲自居，要么加强以父亲自居的作用。我们习惯上认为后一结果更为正常；它允许把对母亲的深情关系在一定限度内保留下来。这样，俄狄浦斯情结的解除将加强男孩性格中的男子气。小女孩身上俄狄浦斯态度的结果，以完全类似的方式，可能就是加强以其母亲自居的作用（或者这种作用是第一次这样建立起来）——这种结果将会使孩子的女性性格固定下来。

由于这些认同作用并不把被放弃的对象吸收到自我中去，因此它们并不是（我们以前在第29页论述过）我们所期望的东西。但是这种二择一的结果也可能出现；在女孩子身上比在男孩子身上更容易观察到。分析常常表明，当一个小姑娘只好不再把好的父亲看作恋爱对象之后，就把她的男子气突出出来，并且以其父亲自居，即以失去的对象自居来代替以其母亲自居。这将明显地依赖于她的性情中男子气是否足够强烈——而不管它可能是由什么构成的。

由此看来，在两种性别中，男性女性性倾向的相对强度决定着俄狄浦斯情结的结果将是一种以父亲自居还是以母亲自居的作用。这是雌雄同体借以取代后来发生了变化的俄狄浦斯情结的方式之一。另一种方式甚至更为重要。因为人们得到的印象是，简单的俄狄浦斯情结根本不是它的最普遍的形式，而是代表一种简化或图式化。的确，这对实际目的来说常常是非常恰当的。更深入的研究通常能揭示更全面的俄狄浦斯情结，这种情结是双重的（消极的和积极的），并且归之于最初在童年表现出来的那种雌雄同体：就是说，一个男子不仅对其父亲有一种矛盾态度，对其母亲有一种深情的对象选择，而且他还同时像一个女孩那样，对他的父亲表示出一种深情的女性态度，对母亲表示相应的敌意和妒忌。正是这种由雌雄同体所带来的复杂因素使人难以获得一种清楚的事实观念，这些事实与最早的对象选择和认同作用有联系，而且更难以明白易懂地描述它们。甚至可能把在与父母的关系中表现出来的矛盾心理完全归咎于雌雄同体，如我刚才所说，它不是由于竞争的结果而从认同作用中发展起来的。

在我看来，特别是涉及神经症患者时，假定存在着完全的俄狄浦斯情结，一般地说是可取的。精神分析的经验则表明，在很多情况下它的构成成分总要有一方或另一方的消失，除了那些只有依稀可辨的痕迹之外；这样就可以形成一个系列，即一端是正常的、积极的俄狄浦斯情结，另一端则是倒置的、消极的俄狄浦斯情结，而其中间的成分将展示两个成分中占优势的那种完全的类型。随着俄狄浦斯情结的分解，它所包含的四种倾向将以这样的方式把自己组织起来，以产生一种父亲认同作用和母亲认同作用。父亲认同作用将保留原来属于积极情结的对母亲的对象关系，同时将取代以前属于倒置情结的父亲的对象—关系；母亲认同作用除在细节上做必要修正外，将同样是真实的。任何个体身上两种认同作用的相对强度总要在他身上反映出两种性的倾向中的某一种优势。

因此，受俄狄浦斯情结支配的性欲期的广泛普遍的结果可以被看作是在自我中形成的一种沉淀物，是由以某种方式相互结合在一起的这两种认同作用构成的。自我的这种变化保留着它的特殊地位；它以一种自我理想或超我的形式与自我的其他成分形成对照。

但是，超我不仅是被本我的最早的对象选择所遗留下来的一种沉淀物，它也代表反对那些选择的一种能量反相作用（reaction formation）。它和自我的关系并不限于这条规则，即"你应该如此如此（就像你的父亲那样）"；它也包括这条禁律，即"你绝不能如此如此（就像你的父亲那样），就是说，你不能干他所干的一切；有许多事情是他的特权"。自我理想的这种两面性是从这个事实中获得的，即自我理想有对俄狄浦斯情结施加压抑作用的任务。的确，它的存在正是应该归功于那一革命事件。显然，压抑俄狄浦斯情结绝非易事。孩子的父母特别是父亲被看作是实现俄狄浦斯愿望的障碍；这样，这个幼小的自我便获得了强化，通过在自身之内建立这个同样的障碍以帮助进行压抑。做到这一点的力量可以说是从父亲那里借来的，这种出借是一个非常重大的行动。超我保持着父亲的性格，当俄狄浦斯情结越强烈，并且越迅速地屈从于压抑时（在权威、宗教教义、学校教育和读书的影响下），超我对自我的支配，愈到后来就愈加严厉——即以良心的形式或许以一种潜意识罪疚感的形式。我在后面将提出一种它以这种方式支配权利的根源的建议，这个根源，就是以一种绝对必要的形式表现出来的它的强迫性格的根源。

如果我们再次考虑一下我们已经描述过的超我的根源，我们将认识到，它是两个非常重要因素的结果，一个是生物因素，另一个是历史因素，即在一个人身上长期存在的童年期的无能和依赖性，以及他的俄狄浦斯情结的事实和我们已经表明的那种压抑，都和力比多潜伏期的发展中断有关，而且也和人的性生活的双重发动能力有关。根据一个精神分析学的假设，人们最近提到的那个对于人类来说似乎很独特的现象，是冰河时期所必需的文化发展的一个遗产。于是我们发现，超我从自我中分化出来无非是个机遇问题：它代表着个人发展和种族发展中那些最重要的特点；的确，由于它永远反映着父母的影响，因此，它把其根源归之于这些因素的永远存在。

精神分析一再受到指责，说它不顾人类本性中较高级的、道德的、超个人的方面。这种指责在历史学和方法论这两方面都是不公正的。因为，首先我们从一开始就把进行压抑的功能归之于自我中道德和美学的倾向；其次，一般人都拒绝承认精神分析研究不能产生一种全面、完善的理论结构，就像一种哲学体系那样。但不得不通过对正常和不正常现象的分析解剖，沿着通往理解心理的错综复杂的道路一步一步地找到它的出路。只要研究心理上这个被压抑的部分是我们的任务，我们就没有必要对存在着更高级的心理生命感到不安和担心。但是，既然我们已着手进行自我的分析，我们就可以对所有那些道德感受到震惊的人和那些抱怨说人体中一定有某种更高级性质的人做出回答：我们可以说，"千真万确，在这个自我理想或超我中，我们确有那种更高级性质，它是我们和父母关系的代表，当我们还是小孩子的时候，就知道这些更高级性质了。我们既羡慕这些高级性质又害怕它们；后来我们把它们纳入到我们自身中来了。"

因此，自我理想是俄狄浦斯情结的继承者，因而也是本我的最强有力的冲动和最重要的力比多变化的表现。通过建立这个自我理想，自我掌握了它的俄狄浦斯情结，同时使自己处于本我的支配之下。鉴于自我主要是外部世界的代表，是现实的代表，而超我则和它形成对照，是内部世界的代表，是本我的代表。自我和理想之间的冲突，正如现在我们准备发现的那样，将最终反映现实的东西和心理的东西之间、外部世界和内部世界之间的这种对立。

通过理想的形成，生物的发展和人类种族所经历的变迁遗留在本我中的一切痕迹就被自我接受过来，并在每个人身上又由自我重新体验了一遍。由于自我理想所形成的方式，自我理想和每一个人在种系发生上的天赋——他的古代遗产——有最丰富的联系。因此，这种我们每个人心理生活中最深层的东西，通过理想的形成，才根据我们的价值观标准变成了人类心灵中最高级的东西。但是，试图给自我理想定位，甚至在我们已经给自我确定了位置的意义上，或者试图对自我理想进行任何类比（借助于这种类比，我们曾尝试勾画出自我和本我之间的关系），都只能是白费力气。

显而易见，自我理想在一切方面都符合我们所期望的人类的更高级性质。就它是一种代替做父亲的渴望而言，自我理想包含着一切宗教都由此发展而来的萌芽。宣布自我不符合其理想，这个自我判断使宗教信仰者产生了一种以证明其渴望的谦卑感。随着儿童的长大，父亲的作用就由教师或其他权威人士继续承担下去；他们把指令权和禁律权都交给了自我理想，并且继续以良心的形式行使道德的稽查作用。在良心的要求和自我的实际表现之间的紧张是作为一种罪疚感被经验到的。社会情感就建立在以别人自居的基点上，建立在具有同样的自我理想的基点上。

宗教、道德和社会感——人类较高级方面的主要成分。最初是同一个东西。根据我在《图腾与禁忌》中提出的假设，它们的获得从种系发生上讲源自恋父情结：即通过掌握俄狄浦斯情结本身的实际过程而获得宗教和道德的限制，和为了克服由此而保留在年轻一代成员之间的竞争的需要而获得社会情感。在发展所有这些道德的获得物时似乎男性居领先地位；然后通过交叉遗传传递给妇女。甚至在今天，社会情感也是作为一种建立在对其兄弟姐妹的妒忌和竞争的冲动基础上的上层建筑而在个体身上产生的。由于敌意不能得到满足，便发展了一种与从前竞争对手的认同作用。研究同性恋的适当案例进一步证实了这种怀疑，即在这种情况下，认同作用也代替了继敌意、攻击性态度之后的深情的对象选择。

然而，随着种系发生的提出，新的问题产生了，使人们想从这里沮丧地退缩回去。但是，这是毫无助益的，因为我们必须做出尝试——尽管我们担心它将揭露我们的全部努力的不适当，问题在于：究竟是哪一个，是原始人的自我还是原始人的本我，在他们的早期就从恋父情结中获得了宗教和道德？假如是他的自我，为什么我们不略述一下这些被自我所遗传的东西呢？假如是本我，它是怎样和本我的性格相一致的呢？或者说，我们把自我、超我和本我之间的分化带回到这样早的时期是错误的吗？或者说，难道我们不应该老老实实地承认，我们关于自我过程的整个概念对理解种系发生毫无帮助，也不能应用于它吗？

让我们先回答最容易回答的问题。自我和本我的分化必须不仅要归因于原始人，甚至要归因于更简单的有机体，因为这是外界影响的不可避免的表现方式。根据我们的假设，超我实际上起源于导致图腾崇拜的经验。到底是自我还是本我经验到并且获得了这些东西，这个问题不久就不再有什么意义了。思考立刻向我们表明，除了自我之外，没有什么外部变化能够被本我所体验到或经历过，自我是外部世界通往本我的代表。因此，根据自我来谈论直接遗传是不可能的。正是在这里，实际个体和种系概念之间的鸿沟才变得明显起来。另外，人们一定不要把自我和本我之间的差异看得过分严重，但也不要忘记，自我基本上是经过特殊分化的本我的一部分。自我的经验似乎最初并不会遗传，但是，当这些经验足够经常的重复，并在随后许多代人身上有了足够的强度之后，可以说，就转移到本我的经验中去了，即成为遗传所保留下来的那种印迹。因此，在能被遗传的本我中贮藏着由无数过往自我所导致的存在遗迹；并且当自我从本我中形成它的超我时，它或许只是恢复已经逝去的自我的形象，并且保证它们的复活。

超我借以产生的方式解释了自我和本我的对象—贯注的早期冲突是怎样得以继续进行，并和其继承者（超我）继续发生冲突的。假如自我在满意地掌握俄狄浦斯情结方面没有获得成功，那么，从本我产生的俄狄浦斯情结的精力一贯注将在自我理想的反向作用中找到一种发泄口。在理想和这些潜意识的本能冲动之间可能发生的大量交往解决了这个难题，即理想本身是怎么可能在很大程度上保持潜意识的，无法达到自我的。在心灵的最深层曾经激烈进行的斗争，并未因迅速的升华作用和认同作用而结束，现在是在更高的领域内进行着，就像在科尔巴赫的油画中"汉斯之战"一样，是在天上解决争端的。

35

自我的依赖关系

我们的论题的复杂性一定可以作为下述事实的一个借口，即本书各章的标题没有一个和它们的内容完全一致，并且在转向该题目的新的方面时，我们要经常回到已经研究过的那些问题上来。

如同经常所说的那样，自我在很大程度上是从认同作用中形成的，认同作用取代了已被本我放弃的贯注；这些认同作用中的第一种总是作为自我中的一个特殊职能而进行活动，且以超我的形式和自我相分离，而后来，当它强壮起来时，自我就可能更坚决地抵抗这种认同作用的影响。超我把它在自我中的特殊地位或与自我的关系归于必须从两个方面考虑的一种因素：一方面它是第一种认同作用，是当自我还很脆弱时就发生的认同作用；另一方面它是俄狄浦斯情结的继承者，因而把一些最重要的对象引入到自我中去了。超我和后来自我所产生的变化之间的关系，大体上就是童年期最初的性欲期和后来在青春期之后的性生活之间的关系。虽然它很容易受后来的一切影响，但它一生仍然保留着从恋父情结派生给它的特点——即和自我分离并统治自我的能力。它是对自我以前的虚弱和依赖性的一种纪念，成熟的自我仍然受它的支配。就像儿童曾被迫服从其父母那样，自我也服从由它的超我发出的绝对命令。

然而，超我派生于本我的第一次对象—贯注，派生于俄狄浦斯情结，这种派生对它来说还有更大的意义。正如我们已经描述的那样，这种派生把它和本我在种系发生上获得的东西联系起来，并使它成为一个以前的自我结构的再生物，这个自我结构已把它们的沉淀物留在了本我中。因此，超我总是和本我密切联系着，并能作为它和自我联系的代表。它深入到本我之内，并且由于这个理由而比自我更远离意识。

通过把我们的注意力转向某些临床事实，我们就能最好地理解这些关系，这些事实早已失去其新意，但仍有待理论探讨。

在分析工作中有些人以相当独特的方式行事。当我们满怀希望地对他们讲话、或对治疗的进展表示满意时，他们则露出不满的神情，而且他们的情况总是变得更糟糕。人们一开始把这种情况看作是挑战，看作是试图证明他们比医生更优越，但后来则开始采取一种更深刻、更公正的观点。人们开始认识到，不仅这种人不能承受任何表扬或称赞，而且还对治疗的进展做出相反的反应。每一种应该引起的、而且在另一些人身上的确引起了症状的改善或不再恶化的那种局部的治疗方法，却在他们身上暂时引起了病情的恶化；这些病人在治疗期间病情加剧，而不是好转，他们往往表现出所谓"消极的治疗反应"（negative therapeutic reaction）。

毫无疑问，在这些人身上有某种坚决与康复作对的东西，它害怕接近康复，好像康复是一种危险似的。我们习惯上说，在这些人身上，生病的需要占了渴望康复的上风。假如我们以通常的方式来分析这种抵抗——那么，即使我们容许病人对医生的那种抵抗态度，容许病人想从疾病中获得各种好处的那种固恋，大部分抵抗仍然遗留下来：这表明它本身就是恢复健康的一切障碍中最强大的，甚至比诸如自恋的难接近性（一种对医生的消极态度，或对生病好处的依恋）这种熟悉的障碍更强大。

最后，我们开始认识到，我们正在对付一种所谓"道德的"因素，这是一种罪疚感，它要在疾病中获得满足，并拒绝放弃受病痛的惩罚。我们把这个相当令人失望的解释作为最后的结论是正确的。但是，就病人而言，这种罪疚感是无声的；并没有说他是有罪的；他也不觉得有罪，只觉得生病了。这种罪疚感只表现为一种对极其难以克服的身体康复的抵抗。要使病人相信，这种动机是他继续生病的原因，这也是特别困难的；他坚持那种更明显的解释，即用分析法所做的治疗对他的病情来说是毫无补益的。

我们的描述适用于这种事态的最极端的例子，但是，这个因素在非常多的病例中，或许在一切较严重的神经症的病例中都在很小的程度上得到考虑。事实上可能正是这种情况下的这个因素，即自我理想的态度决定着神经疾病的严重性。因此，我们将毫不犹豫地更全面地探讨罪疚感在不同条件下借以表现自己的方式。

对正常的、有意识的罪疚感（良心）进行解释并没有什么困难；它是以自我和自我理想之间的紧张为基础的，并且是由它的批判功能进行自我谴责的表现。可以推测，神经症中如此熟知的自卑感（the feelings of inferiority）可能和这种有意识的罪疚感密切相关。在两种非常熟悉的疾病中，罪疚感被过分强烈地意识到；自我理想在其中表现得特别严厉，常常极其残暴地对自我大发雷霆。自我理想在这两种疾病（强迫性神经症和抑郁症）中的态度，和这种类似性一道，表现出具有同样意义的差异。

在某些形式的强迫性神经症中，罪疚感竭力表现自己，但又不能向自我证明自己是正确的。所以，这种病人的自我反对转嫁罪责，并在否定它的同时寻求医生的支持。对此予以默认是愚蠢的，因为这样做毫无用处。分析最终表明，超我正受着自我所不知道的过程的影响。要想发现真正位于罪疚感根基的被压抑的冲动是可能的。因此，在这种情况下，超我比自我更了解潜意识的本我。

在抑郁症中，超我获得了对意识的控制，这种印象甚至更加强烈。但在这种病例中，自我不敢贸然反抗；它承认有罪并甘愿受罚。我们理解这种差异。在强迫性神经症中，问题在于，应受斥责的冲动从未形成自我的一部分；而在抑郁症中，超我向其表达愤怒的对象则通过认同作用而成为自我的一部分。

当然，我们还不清楚，为什么罪疚感能在这两种神经症中达到如此非凡的强度；但是，这种事态所表现的主要问题在于另一方面。在我们处理了其他病例之后再来讨论它——在这些其他病例中，罪疚感始终是潜意识的。

在癔症和某种癔症状态下，基本的条件就是发现这种罪疚感。罪疚感用以保持潜意识的机制是容易发现的。癔症的自我保护自己免受痛苦知觉，它的超我的批判正是以此来威胁它，要采取那种保护自己免受无法忍受的对象一贯注的同样方式，也就是采取一种压抑行为。因此，正是自我应该对这种保留在潜意识中的罪疚感负责。我们知道，一般来说，自我是在超我的支配和命令下进行压抑的；但是，在这种病例中，它把同样的武器转而对准它的严厉的监工了。在强迫性神经症里，如我们所知，反向作用的现象占主导地位；但是（癔症中的）自我在这里却满足于和罪疚感所涉及的材料保持距离。

人们可以进一步大胆地假设，大部分罪疚感在正常情况下必定是潜意识的，因为良心的根源和属于潜意识的俄狄浦斯情结紧密相连。如果有人想提出这种矛盾的假设，即正常的人不仅远比他所相信的更不道德，而且也远比他所知道的更道德，那么，该论断的前半句是以精神分析的发现为依据的，精神分析对剩下的那后半句则不反对人们提出异议。

这种潜意识罪疚感的加剧会使人成为罪犯，这是个令人惊讶的发现，但无疑却是个事实。在许多罪犯中，特别是年轻的罪犯中，会发现他们在犯罪之前就存在着一种非常强烈的罪疚感。因此，罪疚感不是它的结果，而是它的动机，就好像能把这种潜意识的罪疚感施加到某种真实的和直接的东西上就是一种宽慰。

在所有这些情境中，超我表现出它和意识的自我无关，而和潜意识的本我却有密切关系。现在关于它的重要性，我们把它归之于自我中的前意识字词记忆痕迹，于是，问题也就必然产生了，超我，假如它是潜意识的，它是否还能存在于这种字词表象中，或者假如不是潜意识的，它究竟存在于何处呢？我们暂时的回答是超我和自我一样，都不可能否认它是从听觉印象中起源的；因为它是自我的一部分，且在很大程度上通过这些字词表象（概念、抽象作用）而和意识相通。但是，这种贯注的能量（cathectic energy）并未到达起源于听知觉（教学、读书等）的超我的这些内容，而是触及了起源于本我的超我的这些内容。

我们放在后面回答的那个问题就是：超我是怎样主要作为一种罪疚感（或者更确切地说，作为一种批评——因为罪疚感是在自我中对这种批评做出回答的知觉）来表示自己，另外，是怎样发展到这样对自我特别粗暴和严厉的呢？如果我们先转向抑郁症，就会发现，对意识获得支配权的特别强烈的超我对自我大发雷霆，好像它要竭尽全力对这个人施虐。按照我们关于施虐狂的观点，我们应该说，破坏性成分置身于超我之中，并转而反对自我。现在在超我中取得支配地位的东西可以说是对死的本能的一种纯粹的培养。事实上，假如自我不及时地通过转变成躁狂症以免受其暴政统治的话，死的本能就常常成功地驱使自我走向死亡。

以某种强迫性神经症的形式进行的良心的谴责也同样是令人痛苦和烦恼的。但对这里的情况我们不太清楚。值得注意的是，强迫性神经症和抑郁症相反，它决不采取自我毁灭的步骤；好像它能避免自杀的危险，而且比癔症能更好地保护自己免除危险，我们能够发现，保证自我的安全的东西就是保留了对象这个事实。在强迫性神经症中，通过向前生殖器组织的退行，就能使爱的冲动转变成对对象的攻击冲动。破坏性本能在这里再次得到释放，其目的在于毁灭对象，或至少看起来具有这个意图。这些目的尚未被自我采纳；自我用反相作用和预防措施来奋力反对这种意图，而这些意图就保留在本我中。但是，超我的表现却好像是说，自我应该为此负责，并且在惩罚这些破坏性意图时，用它的严肃性表明，它们不但是由退行引起的伪装，而且实际上用恨代替了爱。由于两方面都孤立无援，自我同样徒劳地防御凶恶的本我的煽动、防御对实施惩罚的良心进行责备。但它至少成功地控制了这两方面的最残忍的行动；第一个结果是没完没了的自我折磨，最后在它所能达到的范围内对对象做系统的折磨。

它们用各种方法来对付个人机体内危险的死的本能的活动，其中一部分是通过和性成分的融合而被描绘成无害的，另一部分以攻击的形式掉过头来朝向外部世界，而在很大程度上它们无疑继续畅行无阻地从事它们的内部工作。那么，在抑郁症中超我是怎样成为死的本能的一个集结点的呢？

从本能控制观和道德观来看，或许可以说本我完全是非道德的，自我则力争成为道德的，而超我则可能是超道德的，因此才能变得像本我那样冷酷无情。值得注意的是，一个人越是控制它对别人的攻击性倾向，他在其自我理想中就越残暴——也就是越有攻击性。而日常的观点对这种情况的看法则正好相反：自我理想所建立的标准似乎成为压制攻击性的动机。但是，我们前面说过还有这样一个事实，即一个人越控制它的攻击性，它的自我理想对其自我的攻击性倾向就越强烈。这就像是一种移置作用，一种向其自我的转向，即便是普通正常的道德品行也有一种严厉限制、残酷禁止的性质。的确，无情地实施惩罚的那个更高级的存在的概念正是从这里产生的。

若不引入一个新的假设，我就无法继续考虑这些问题。如我们所知，超我产生于把父亲作为榜样的一种认同作用。每一种这类认同作用本质上都是失性欲化的，甚或是升华了的。现在看来，好像当这种转变发生时，同时会出现一种本能的调离。升华之后，性成分再也没有力量把以前和它结合的全部破坏性成分都结合起来，这些成分以倾向于攻击性和破坏性的形式被释放。这种解离就是被理想——它的独裁的"你必须……"（Thou shalt...）——所展示的普遍严厉性和残酷性的根源。

让我们再来看一看强迫性神经症。这里的情况就不同了。把爱变成攻击性虽未受到自我力量的影响，却是在本我中产生的一种攻击性的结果。但是，这个过程已超出本我，而扩展到了超我，超我现在加强了对清白的自我的残暴统治。但是，看来在这种情况下和在抑郁症的情况下一样，自我通过认同作用获得了对力比多的控制，但这样做便受到了超我的惩罚，超我是用以前曾和力比多混合在一起的攻击性来惩罚自我的。

我们关于自我的观点开始趋向于清晰，它的各种关系也变得日渐明白了。我们现在已经看到了自我的力量和弱点。它起着重要的作用。自我依靠它和知觉系统的关系而以时序来安排心理过程，使它们服从于"现实检验"。通过插入这种思维过程，自我就能保证动力释放的延迟，并控制着运动的通路，当然，这后一种力量与其说是事实问题，不如说是形式问题，就行动而论，自我的地位就像君主立宪的地位一样，没有他的批准，什么法律也无法通过；但是，他对国会提出的任何议案行使否决权以前，早就犹豫不决。起源于外部的一切生活经验丰富了自我；但是，本我对它来说则是另一个外部世界。自我力图使本我处于自己的统治之下。它把力比多从本我中撤回，并把本我的对象一贯注转变成自我结构。在超我的帮助下，是以我们还不清楚的方式，它利用了贮藏在本我中的过去时代的经验。

本我的内容借以深入自我的道路有两条。一条是直接的，另一条是借助于自我理想的引导；对某些心理活动来说，这两条道路中它们采纳哪一条可能具有决定性的重要性。自我从接受本能发展到控制它们，从服从本能发展到抑制它们。在这个成就中，自我理想承担了很大一份，的确，它部分地是反对本我的那种本能过程的一种反相作用。精神分析是使自我把它对本我的统治更推进一步的一个工具。

但是，从另一种观点来看，我们把这同一个自我看作是受三个主人的支使，因此便受到三种不同危险威胁的一个可怜的家伙：这三种危险分别来自外界，来自本我的力比多和来自超我的严厉性。因为焦虑是一种退出危险的表示，因此，就有和这三种危险相对应的三种焦虑。就像居住在边疆的人一样，自我试图做世界和本我之间的媒介，它要使本我遵照世界的愿望去做，并通过肌肉的活动，使世界顺从本我的愿望。实际上他的行为就像用精神分析进行治疗的医生一样，由于它注重现实世界的力量，而把自己作为一个力比多对象提供给本我，目的在于使本我的力比多依附于它自己。它不仅是本我的一个助手，而且是向主人讨喜的一个顺从的奴隶。只要有可能，自我就试图和本我友好相处；它用前意识的文饰作用把本我的潜意识要求掩盖起来；甚至当它事实上保持冷酷无情时，它也假装出本我对现实的命令表示顺从，它给本我和现实的冲突披上了伪装；如若可能，它也会给和超我的冲突披上伪装。自我在本我和现实之间的地位使它经常变成献媚的，机会主义和假惺惺的，就像一个政客，虽然看见了真理，却又想保持他的受大众拥戴的地位。

自我对两类本能的态度并不是公正的。通过它的认同作用和升华作用，对本我的死的本能掌握力比多是个帮助，但这样做会给它带来成为死的本能的对象和灭亡自己的危险。为了能以这种方式给以帮助，它只好用力比多来充斥自身，这样，它本身就成为爱欲的代表，并且从那时起就渴望活下去和被人所爱。

但是，由于自我的升华作用导致对本能的解离和攻击性本能的超我中的解放，自我对力比多的斗争则面临着受虐待和死亡的危险。在受到超我的攻击之苦，甚至屈从于这些攻击的情况下，自我所遭受的命运就像原生动物被自己创造的裂变物所毁灭一样。从经济的观点来看，在超我中起作用的道德品行似乎是一种类似的裂变物。

在自我所处的这种从属关系中，它和超我的关系或许是最有趣的。

自我是焦虑的真正住所。由于受到三方面的威胁，自我通过从危险知觉或从本我的同样危险的过程中收回自己的精神贯注，并把它作为焦虑排放出来，从而使逃避反射（flight-reflex）得到发展。后来由于引入了保护性贯注（恐怖症的机制），而取代了这个原始的反应。自我所害怕的东西，不论是来自外界，还是来自力比多的危险，我们都无法详加说明；我们只知道这种害怕具有推翻和消灭的性质，但无法用精神分析来把握。自我只是服从快乐原则的警告。另一方面，我们还能说明，在自我害怕超我的背后究竟隐藏着什么；自我害怕的是良心。后来成为自我理想的更优越的存在曾用阉割来威胁自我，这种对阉割的恐惧可能就是后来对良心的恐惧所聚焦的核心；正是这种对阉割的恐惧才作为良心的恐惧而保留下来。

　　"每一种恐惧最终都是对死亡的恐惧"，这个言过其实的警句几乎毫无意义，而且无论怎么说都不能证明是合理的。在我看来，正好相反，把害怕死亡和害怕外界对象（现实性焦虑）及神经症的力比多焦虑区分开来才是完全正确的。这给精神分析提出了一个困难的问题，因为死亡是一个具有消极内容的抽象概念，对此我们没有发现任何与潜意识有关的东西。看来害怕死亡的只能是，自我大量放弃它的自恋力比多贯注，也就是放弃它自己，正如在另一些使它感觉焦虑的情况下，自我放弃某个外部对象那样，我相信对死亡的恐惧是发生在自我和超我之间的某种东西。

　　我们知道，对死亡的恐惧只有在两种情况下才会出现（这两种情况和其他各种焦虑得到发展的情境完全相似），这就是说，是一种对外部危险的反应和一种内部过程，例如像在抑郁症中那样。神经症的表现形式可以再次帮助我们理解一个正常人。

　　在抑郁症中对死亡的恐惧只承认一种解释：自我之所以放弃自己，是因为它感到自己受到超我的仇恨和迫害，而不是被超我所爱。因此，在自我看来，活着就意味着被爱——被超我所爱。这里，超我又一次作为本我的代表而出现。超我实现的是保护和拯救的功能，这是和早期时代由父亲实现、而后来则由天意或命运实现的功能相同的。但是，当自我发现自己处在一种真正的极端危险中，而它认为自己无法凭借自己的力量来克服这种危险时，它必然会得出同样的结论。它发现自己被一切保护力量所抛弃，只有死路一条。另外，这种情境又和出生时所经历的第一次巨大的焦虑状态以及婴幼儿时期那种渴望的焦虑——由于和起保护作用的母亲相分离而引起的焦虑——处于同样的情境。

这些考虑使我们能把对死亡的恐惧，像对良心的恐惧一样，视为对阉割恐惧的一种发展。罪疚感在神经症中的重大意义使我们可以想象，通常的神经症焦虑在很严重的情况下，往往被自我与超我之间产生的焦虑（对阉割、良心和死亡的恐惧）所强化。

我们最终再回到本我上来，本我没有办法向自我表示爱或恨。还不能说它想要什么，它还没有达到统一的意志。爱欲和死的本能在本我内部进行着斗争；我们已经发现一组本能是用什么样的武器来抵御另一组本能的。这就有可能把本我描述为受那些缄默的、但却强大的死的本能的支配，死的本能渴望处于平静状态，而且（受快乐原则的怂恿）让爱欲这个挑拨离间的家伙也处于平静状态；但是，或许这样就会低估爱欲所起的作用。